Primtal

Poul Erik Kristensen

Primtal
mønstre og logik

Tvillingernes
mønstre, beregninger
og uendelighed

Indholdsfortegnelse

Indledning

I 1977 sad jeg en dag for sjov og skrev primtal ned på et stykke papir, den ene kolonne efter den anden. Opstillingen var ganske tilfældig, men de tilfældige kolonner viste nogle tydelige mønstre.

I 1995 ville jeg en eftermiddag snuppe en halv time på sofaen. I stedet for at falde i søvn kom jeg til at tænke på primtalstvillinger, og uden forudgående varsel så jeg for mig, hvorledes det måtte være muligt at lave beregninger over udviklingen i primtalstvillingernes antal frem gennem talrækken.

I årenes løb har jeg nu og da hevet primtallene frem for at arbejde med mine opdagelser, og der skal virkelig lægges tryk på ordet "arbejde". De to nævnte åbenbaringer i henholdsvis 1977 og 1995 er grundstenene i mine resultater, men der er brugt i hundredvis af timer på at udvikle og forstå logikken i disse grundsten.

Min lille bog er ikke videnskabeligt funderet i den forstand, at den bygger på tidligere forskningsresultater. Kun har den såkaldte Eratosthenes' si, der har over 2000 år på bagen, været mit altafgørende udgangspunkt, men så er det også sagt. Ellers har det stort set været en ren intellektuel øvelse, som er lavet for sjov.

Sådan måtte det næsten være. Der er skrevet mange artikler og bøger, som yder væsentlige bidrag til primtalsforskningen, men de har ikke haft min interesse, da de ikke har forstået, at primtallene er placeret i mønstre. I min optik betyder dette samtidig, at de ikke har forklaret primtallenes sande logik.

Livet igennem har jeg arbejdet en del med tabeller og tal og føler vel også, at jeg har en vis talforståelse. Men jeg er ikke matematiker. Det er min store svaghed! Mange af mine beskrivelser kunne ganske afgjort have fremstået meget kortere, tydeligere og måske også mere korrekte ved at benytte matematiske formler og sprogbrug. Desuden skal jeg heller ikke afvise, at jeg kan have fremsat f.eks. påstande eller konklusioner, som ikke på tilstrækkelig vis er videnskabeligt underbyggede. Blot håber jeg så, at de måske kan sætte noget i gang hos andre.

Jeg er altså den glade amatør, men trods alle forbehold er jeg dog ikke i tvivl om, at jeg med denne bog fremlægger ny viden og inspiration. Hvem har nemlig ellers konkret påvist, at primtallene hele den uendelige talrække igennem ligger placeret i ganske bestemte mønstre, det ene efter det andet, og at primtallenes hyppighed talrækken igennem er faldende i overensstemmelse med den logik, der ligger bag disse mønstre.

På samme måde er det med primtalstvillingerne. De ligger også i ganske bestemte mønstre. Der er endda så meget logik i det hele, at primtalstvillingernes antal simpelthen kan beregnes i de enkelte simønstre.

Eratosthenes' si

Et primtal kan defineres som et naturligt tal, der altid har 2 og kun 2 divisorer, nemlig tallet 1 og tallet selv.

Denne definition er almindelig anerkendt, og den vil også blive brugt i denne bog, selv om der ud fra en filosofisk tankegang kan argumenteres for, at der er noget selvmodsigende i at betegne tallet 1 som divisor, da det ligger i selve begrebet divisor, at den skal dele et eller andet. Ved at dividere med tallet 1 er der netop ikke noget, der bliver delt. Det, der skal deles, bliver bevaret i sin helhed.

Vi kan også sige, at primtallene er grundtallene i den naturlige talrække. Alle de øvrige tal, med undtagelse af tallet 1, er multipla af primtal; altså sammensatte tal med mere end 2 divisorer.

Allerede en af oldtidens kendte græske matematikere, Eratosthenes fra Kyrene (ca. 276 – 194 fvt.), angav en simpel empirisk metode til at bestemme primtallene. Han fjernede blot alle de tal fra en given talrække, som ikke opfyldte primtalsdefinitionen. Den enkle fremgangsmåde i Eratosthenes' si er følgende:

Først fjernes tallet 1, som er noget helt for sig selv. Det vil naturligvis være ganske absurd at kalde det for et sammensat tal, da det er det første hele tal i den positive talrække. På den anden side har vi valgt at definere et primtal som havende 2 divisorer, og her kan der altså kun blive tale om en enkelt divisor.

Tallet 2 opfylder definitionen på et primtal og fjernes derfor ikke. Det gør derimod alle større tal, som 2 går op i, da disse tal nødvendigvis må have flere end 2 divisorer.

Herefter vender vi tilbage til det første ikke-fjernede tal efter tallet 2, hvilket vil sige tallet 3. Når det ikke er fjernet, kan der kun være en enkelt divisor blandt de forudgående tal, nemlig tallet 1. Altså er tallet 3 et primtal ifølge vor definition. Herefter fjernes alle følgende tal, som 3 går op i, da disse tal nødvendigvis må have flere end 2 divisorer.

Vi fortsætter efter samme fremgangsmåde med tallene 5, 7 osv., alt efter hvor stor en talrække vi har lavet. I det viste eksempel kan vi se, at der er fjernet 75 tal blandt de første 100 naturlige tal. Tilbage står der 25 tal, som hver især har 2 og kun 2 divisorer, nemlig tallet 1 og tallet selv. Vi har fundet de 25 primtal, som findes i den talrække, der går fra 1 til 100.

$$
\begin{array}{llllllllll}
\cancel{1} & 2 & 3 & \cancel{4} & 5 & \cancel{6} & 7 & \cancel{8} & \cancel{9} & \cancel{10} \\
11 & \cancel{12} & 13 & \cancel{14} & \cancel{15} & \cancel{16} & 17 & \cancel{18} & 19 & \cancel{20} \\
\cancel{21} & \cancel{22} & 23 & \cancel{24} & \cancel{25} & \cancel{26} & \cancel{27} & \cancel{28} & 29 & \cancel{30} \\
31 & \cancel{32} & \cancel{33} & \cancel{34} & \cancel{35} & \cancel{36} & 37 & \cancel{38} & \cancel{39} & \cancel{40} \\
41 & \cancel{42} & 43 & \cancel{44} & \cancel{45} & \cancel{46} & 47 & \cancel{48} & \cancel{49} & \cancel{50} \\
\cancel{51} & \cancel{52} & 53 & \cancel{54} & \cancel{55} & \cancel{56} & \cancel{57} & \cancel{58} & 59 & \cancel{60} \\
61 & \cancel{62} & \cancel{63} & \cancel{64} & \cancel{65} & \cancel{66} & 67 & \cancel{68} & \cancel{69} & \cancel{70} \\
71 & \cancel{72} & 73 & \cancel{74} & \cancel{75} & \cancel{76} & \cancel{77} & \cancel{78} & 79 & \cancel{80} \\
\cancel{81} & \cancel{82} & 83 & \cancel{84} & \cancel{85} & \cancel{86} & \cancel{87} & \cancel{88} & 89 & \cancel{90} \\
\cancel{91} & \cancel{92} & \cancel{93} & \cancel{94} & \cancel{95} & \cancel{96} & 97 & \cancel{98} & \cancel{99} & \cancel{100}
\end{array}
$$

Eratosthenes' si kan bruges på en vilkårlig stor talrække til at bestemme primtallene. Kravet er blot, at der altid skal være tale om en afsluttet talrække. I den uendelige talrække vil man jo kunne blive ved med at dividere med 2, og så kommer vi aldrig videre.

Siernes logik

Når vi betragter en større talrække, hvor Eratosthenes' si
har været benyttet, får vi umiddelbart det indtryk, at de
fremkomne primtal optræder med en vis vilkårlighed.
Hvis vi vil lede efter et logisk fordelingsmønster for prim-
tallene, kan det derfor ikke nytte at bruge denne totale
betragtningsmåde. Vi må først forstå siens logik, og det
kan vi gøre ved at opstille den i dens enkelte bestanddele.

Den første divisor, vi benytter os af, er tallet 2. Lad os
kalde denne bestanddel for 2-sien. Herefter har vi en 3-si,
en 5-si, en 7-si, en 11-si osv.

Hver si vil ud fra en isoleret betragtning fjerne en be-
stemt mængde tal fra talrækken, nemlig alle de multipla
der fremkommer, når siens eget tal kombineres med sig
selv og alle efterfølgende tal.

2-sien vil fjerne 2x$\underline{2}$, 2x$\underline{3}$, 2x$\underline{4}$, 2x$\underline{5}$, 2x$\underline{6}$ osv., hvilket vil
sige tallene 4, 6, 8, 10, 12 …..
2-sien fjerner med andre ord hvert andet tal fra talræk-
ken, nemlig alle de lige tal.

1 2
3 ~~4~~
5 ~~6~~
7 ~~8~~
9 ~~10~~

3-sien vil fjerne hvert tredje tal fra talrækken, nemlig
3x$\underline{3}$, 3x$\underline{4}$ osv.

7 8 ~~9~~
10 11 ~~12~~
13 14 ~~15~~
16 17 ~~18~~
19 20 ~~21~~

5-sien vil fjerne hvert femte tal fra talrækken.

$$
\begin{array}{ccccc}
21 & 22 & 23 & 24 & \cancel{25} \\
26 & 27 & 28 & 29 & \cancel{30} \\
31 & 32 & 33 & 34 & \cancel{35} \\
36 & 37 & 38 & 39 & \cancel{40} \\
41 & 42 & 43 & 44 & \cancel{45}
\end{array}
$$

7-sien vil fjerne hvert syvende tal fra talrækken, 11-sien vil fjerne 1/11 af talrækken, 13-sien vil fjerne 1/13, 17-sien vil fjerne 1/17 osv.

Talrækkerne, der er opstillet for de enkelte sier, kan fortsættes i det uendelige, og fjerne-mønsteret vil ligeledes fortsætte. Hver si vil som nævnt fjerne samtlige multipla af sit eget og alle efterfølgende tal, og opstillet som netop gjort vil det altid betyde bortsining af den sidste kolonne.

Det er klart, at når sierne bliver kombineret, vil de gensidigt komme til at overlappe hinanden. Det betyder, at talrækken vil blive reduceret på en noget mere kompliceret måde, men dog stadig efter et fast mønster.

Lad os først se, hvad der sker, når vi kombinerer 2- og 3-sien.

$$
\begin{array}{cccccc}
1 & 2 & 3 & \cancel{4} & 5 & \cancel{6} \\
7 & \cancel{8} & \cancel{9} & \cancel{10} & 11 & \cancel{12} \\
13 & \cancel{14} & \cancel{15} & \cancel{16} & 17 & \cancel{18} \\
19 & \cancel{20} & \cancel{21} & \cancel{22} & 23 & \cancel{24} \\
25 & \cancel{26} & \cancel{27} & \cancel{28} & 29 & \cancel{30}
\end{array}
$$

2-sien starter med at fjerne halvdelen af de resterende tal, hvilket vil sige kolonne 2, 4 og 6.

3-sien ville isoleret set have fjernet kolonne 3 og 6, altså 1/3 af samtlige tal, men da den jo ikke kan fjerne tal, som allerede er fjernet, må den nøjes med at fjerne 1/3 af tallene i den tilbageværende talrække, hvilket i den viste opstilling vil sige kolonne 3.

Regnestykket for den kombinerede 2..3-si kan derfor opstilles således:

2-sien fjerner   1/2 af talrækken
rest: 1/2 af talrækken
3-sien fjerner 1/3 x 1/2 af talrækken = 1/6 ” ” ”
                                                      2/3 af talrækken

Vi kan selvfølgelig kun drage den konklusion for den kombinerede si, at den vil blive ved med at fjerne tal fra talrækken i et bestemt mønster, hvis vi kan være sikre på, at hvert eneste tal i kolonne 2, 3, 4 og 6 virkelig også vil blive fjernet i hele den uendelige talrække, og at der ligeledes ikke vil blive fjernet et eneste tal i kolonne 1 og 5.

Vi kan være sikre. 2-sien har nemlig en cyklus på 2, og 3-sien en cyklus på 3 som talfjerner. Når de kombineres, må de have en cyklus på 2x3 tal = 6 tal. Dette betyder, at de viste kolonner nødvendigvis må fortsætte i det uendelige, og når dette er tilfældet, vil vi i det videre arbejde kunne opfatte den kombinerede 2..3-si som blot en enkelt si.

Enhver kombination af 2 sier er en kombination af de samme 2 siers cyklus, dvs. antallet af tal i den ene cyklus multipliceret med antallet af tal i den anden cyklus. Så er vi nået frem til et mønster, som vil gentage sig i det uendelige.

2..3-sien vil i kombination med 5-sien have en cyklus på (2x3)5 som talfjerner, hvilket dækker 30 tal. Da vi jo ikke behøver at beskæftige os mere med de allerede fjernede tal, kan vi nøjes med at opstille følgende kolonner:

1	2	3	5	7	11	13	17	19	23	~~25~~	29
31			~~35~~	37	41	43	47	49	53	~~55~~	59
61			~~65~~	67	71	73	77	79	83	~~85~~	89
91			~~95~~	97	101	103	107	109	113	~~115~~	119
121			~~125~~	127	131	133	137	139	143	~~145~~	149
151			~~155~~	157	161	163	167	169	173	~~175~~	179
181			~~185~~	187	191	193	197	199	203	~~205~~	209

De overstregede tal fjernes af 5-sien.

Hvis vi havde taget samtlige tal med, havde vi fået 30 kolonner, men

2..3-sien fjerner	2/3 af talrækken
rest: 1/3 af talrækken	
5-sien fjerner 1/5x1/3 af talrækken =	1/15 ” ” ”
	11/15 af talrækken

Efter brug af 5-sien skal der altså være 4/15 tilbage af talrækken, hvilket vil sige 8 kolonner ud af de oprindelige 30, og det er netop tilfældet.

Vi kan naturligvis også lave regnestykket ved at sige, at efter brug af 2..3-sien er der 10 kolonner tilbage af de 30. Af disse fjerner 5-sien 1/5 = 2 kolonner. Herefter er der 8 kolonner tilbage, hvilket vil sige 4/15 af talrækken.

Da de viste kolonner udgør en fast cyklus, må kolonnerne nødvendigvis kunne videreføres i det uendelige, og dermed kan den kombinerede 2..5-si, som altså består af 3 forskellige elementer, opfattes som en enkelt si med et fast mønster.

I princippet kan fremgangsmåden benyttes i det uendelige, selv om det illustrationsmæssigt set snart nærmer sig en uoverkommelig opgave. 2..7-sien omfatter således en cyklus på (2x3x5)7 tal = 210 tal. 2..5-sien har ganske vist allerede fjernet 11/15 af disse tal, men der bliver dog 56 tilbage, som hver skal danne udgangspunkt for en kolonne. Det er tallet 1, tallet 7 og herefter alle de ikke-overstregede tal i den foregående opstilling. Som vi skrider ned ad rækkerne i en kolonne, skal der hele tiden adderes 210 til det ovenstående tal.

1	7	11	13	17	19	23	29	31	37	41
211	~~217~~	221	223	227	229	233	239	241	247	251
421	~~427~~	431	433	437	439	443	449	451	457	461
631	~~637~~	641	643	647	649	653	659	661	667	671
841	~~847~~	851	853	857	859	863	869	871	877	881

osv.

43	47	~~49~~	53	59	61	67	71	73	~~77~~	79
253	257	~~259~~	263	269	271	277	281	283	~~287~~	289
463	467	~~469~~	473	479	481	487	491	493	~~497~~	499
673	677	~~679~~	683	689	691	697	701	703	~~707~~	709
883	887	889	893	899	901	907	911	913	~~917~~	919

osv.

83	89	~~91~~	97	101	103	107	109	113	~~119~~	121
293	299	~~301~~	307	311	313	317	319	323	~~329~~	331
503	509	~~511~~	517	521	523	527	529	533	~~539~~	541
713	719	~~721~~	727	731	733	737	739	743	~~749~~	751
923	929	~~931~~	937	941	943	947	949	953	~~959~~	961

osv.

127 131 ~~133~~ 137 139 143 149 151 157 ~~161~~ 163
337 341 ~~343~~ 347 349 353 359 361 367 ~~371~~ 373
547 551 ~~553~~ 557 559 563 569 571 577 ~~581~~ 583
757 761 ~~763~~ 767 769 773 779 781 787 ~~791~~ 793
967 971 ~~973~~ 977 979 983 989 991 997 ~~1001~~ 1003
osv.

167 169 173 179 181 187 191 193 197 199 ~~203~~
377 379 383 389 391 397 401 403 407 409 ~~413~~
587 589 593 599 601 607 611 613 617 619 ~~623~~
797 799 803 809 811 817 821 823 827 829 ~~833~~
1007 1009 1013 1019 1021 1027 1031 1033 1037 1039 ~~1043~~
osv.

209
419
629
839
1049
osv.

7-sien vil fjerne tallene i 1/7 af kolonnerne, hvilket vil sige 8 kolonner. Det bliver de kolonner, som i den første række starter med 7, 49, 77, 91, 119, 133, 161 og 203.

Regnestykket for 2..7-sien bliver følgende:

2..5-sien fjerner $\qquad$ 11/15 af talrækken
rest: 4/15 af talrækken
7-sien fjerner 1/7x4/15 af talræk. = $\underline{4/105}$ ”   ”   ”
$\underline{27/35}$ af talrækken

Hver gang der tilføjes en si, vil der blive fjernet yderligere tal fra talrækken. Det første fjernede tal vil være kvadrattallet til selve si-tallet. Sådan må det nødvendigvis være, da vi har konstateret, at en si fjerner i multipla. Et tal, der udgør et multiplum af et si-tal og et allerede benyttet si-tal, vil nemlig allerede være fjernet af det først benyttede si-tal.

Efter at have fjernet sit eget kvadrattal, vil ethvert si-tal fortsætte med at fjerne multipla af sig selv samt alle de efterfølgende tal, som ingen af de forudgående sier har formået at fjerne.

De små si-tal fjerner forholdsvis mange tal fra talrækken, men farten bliver hurtigt mindre, hvilket fremgår af følgende opstilling, hvor reduceringerne er opgivet i procenter.

2-	sien fjerner	50,00 % af talrækken		
2..3-	sien ”	66,67	” ”	”
2..5-	sien ”	73,33	” ”	”
2..7-	sien ”	77,14	” ”	”
2..11-	sien ”	79,22	” ”	”
2..13-	sien ”	80,82	” ”	”
2..17-	sien ”	81,95	” ”	”
2..19-	sien ”	82,90	” ”	”
2..23-	sien ”	83,64	” ”	”
2..29-	sien ”	84,21	” ”	”
2..31-	sien ”	84,71	” ”	”
2..37-	sien ”	85,13	” ”	”

Vi skal frem til et si-tal på over 250, før 90 % af talrækken er fjernet, næsten op på 500 for at få fjernet 91 %, næsten op på 1100 for at få fjernet 92 % og næsten op på 3000 for at få fjernet 93 %.

Primtallene

Den naturlige talrække består af primtal og sammensatte tal. Inden for en afsluttet talrække vil sierne benyttet efter tur fjerne samtlige sammensatte tal, så kun primtallene bliver tilbage.

Vi har vist, at enhver si og enhver si-kombination vil fjerne tal fra talrækken efter ganske bestemte mønstre. Det er det samme som at sige, at de sammensatte tal ligger placeret i ganske bestemte mønstre. Når dette er tilfældet, må primtallene nødvendigvis også ligge placeret i ganske bestemte mønstre. Det kan ikke være anderledes, når de to talgrupper kompletterer hinanden, så de tilsammen udgør den naturlige talrække.

Vi har konstateret, at hver gang en si-kombination bliver kombineret med endnu en si, vil talrækken blive reduceret efter et nyt mønster, og at det ændrede mønster vil tage sin begyndelse, når vi når frem til det nye si-tals kvadrattal. Heraf følger, da si-tal og primtal er identiske, at vi heller ikke kan tale om et bestemt primtalsmønster gennem hele den uendelige talrække. **Vi vil få et nyt primtalsmønster, hver gang et primtal når frem til sit eget kvadrattal.**

Skønt primtal og si-tal er identiske, vil vi dog i det følgende skelne mellem begreberne primtalsmønstre og simønstre. Begrebet primtalsmønstre vil vi lade være knyttet til konkrete intervaller i talrækken, hvor mængden af primtal kan betragtes og optælles empirisk, medens begrebet simønstre henviser til de cykliske mønstre, der opstår hele talrækken igennem, når vi benytter bestemte si-kombinationer. De tal, som optræder i simønstrene, er at betragte som potentielle primtalsmuligheder. De potentielle primtal vil dog kun være reelle primtal, hvis de heller ikke kan fjernes af andre si-kombinationer

Inden vi starter med 2-sien, har vi den komplette talrække bestående af alle de naturlige tal. Hvert tal har en difference på 1 til det følgende tal i rækken. Disse differencer udgør simønsteret.

Naturlige tal: 2 – 3 – 4 – 5 – 6 – 7 – 8 – 9 – 10 – 11 – 12
Differencer: 1 – 1 – 1 – 1 – 1 – 1 – 1 – 1 – 1 – 1 –
Osv.

Når 2-sien er benyttet, har vi følgende
simønster: 2 – 3 – 5 – 7 – 9 – 11 – 13 – 15 – 17 – 19 –
diff.   :   1 /-2 – 2 – 2 – 2 – 2 – 2 – 2 – 2 -osv.
Det nye simønster skabt af 2-sien begynder mellem 3 og 5, hvor si-tallet 2 fjerner sit eget kvadrattal 4.

Hver gang der fjernes sammensatte tal fra talrækken, vil der være færre potentielle primtal tilbage. Resultatet må derfor nødvendigvis også blive en større difference mellem nogle af de potentielle primtal.

Når 2..3-sien er benyttet, får vi følgende
simønster: 2 – 3 – 5 – 7 – 11 – 13 – 17 – 19 –
diff.   :   /-4 - 2 /- 4 - 2 / - osv.
Det nye simønster skabt af 2..3-sien begynder mellem 7 og 11, hvor si-tallet 3 fjerner sit eget kvadrattal 9.

Når si-tallet 5 har fjernet kvadrattallet 25, vil der fra primtallet 23 være følgende
simønster: 23 – 29 – 31 – 37 – 41 – 43 – 47 – 49 – 53 -
diff.   : /- 6 - 2 - 6 - 4 - 2 - 4 - 2 - 4 /

simønster: – 59 – 61 – 67 – 71 – 73 – 77 – 79 – 83 – 89–
Diff.   :   6 - 2 - 6 - 4 - 2 - 4 - 2 - 4 /- 6 osv.

Når si-tallet 7 har fjernet kvadrattallet 49, vil der fra primtallet 47 være følgende
simønster: 47 – 53 – 59 – 61 – 67 – 71 – 73 – 79 – 83 – 89 – 97 – 101 – 103 – 107 – 109 – 113 – 121 – 127 – 131 – 137 – 139 – 143 – 149 – 151 – 157 – 163 – 167 – 169 – 173 – 179 – 181 – 187 – 191 – 193 – 197 – 199 – 209 – 211 – 221 – 223 – 227 – 229 – 233 – 239 – 241 – 247 – 251 – 253 – 257/- osv.
diff. : /-6-6-2-6-4-2-6-4-6-8-4-2-4-2-4-8-6-4-6-2-4-6-2-6-6-4-2-4-6-2-6-4-2-4-2-10-2-10-2-4-2-4-6-2-6-4-2-4/- osv.

Når et nyt simønster starter, er der ikke tale om, at det igangværende simønster sættes ud af kraft. Rent faktisk bliver der kun foretaget nogle ændringer i det eksisterende mønster. Det er således ikke forkert at sige, at 2-siens simønster er det egentlige grundlag for samtlige efterfølgende sier.

Simønstrenes logiske opbygning er tydelig nok. Hver gang der tilføjes yderligere en si, vil der ske to ting. Der vil for det første blive fjernet nogle tal i det eksisterende simønster, og for det andet vil det nye simønster omfatte en større talcyklus.

Når et tal bliver fjernet, vil differencerne til venstre og højre for tallet blive slået sammen til en enkelt difference. Ved 2-sien er der f.eks. en difference på 2 mellem 7 og 9 og ligeledes på 2 mellem 9 og 11. 3-sien fjerner 9-tallet, og dermed bliver de to differencer slået sammen til en enkelt difference på 4 mellem 7 og 11 i 2..3-siens simønster.

Simønstrene svarer naturligvis til siernes talcyklus, som blev omtalt i forrige kapitel. Efter brug af den kombinerede 2..7-si vil der være 48 potentielle primtal tilbage af de 210 tal, som omfattes af en cyklus. Det svarer ganske nøje til, at simønsteret vil omfatte 48 streger, og hvis vi adderer differencetallene mellem stregerne, når vi netop op på 210.

Simønstrene bliver altså hurtigt til nogle uoverskuelige størrelser. 2..11-sien har et simønster, der omfatter 480 potentielle primtal i et interval på 2310 i talrækken.

Gør vi bare et lille hop og springer frem til 2..19-sien, drejer det sig om ikke mindre end 1658880 potentielle primtal i et interval på 9699690 i talrækken.

Alle disse store tal er næsten ikke til at håndtere, men de udgør det grundlæggende princip både for primtallenes mængde og for deres placering i talrækken.

Vi har vist, at de nye mønstre begynder ved det sidste primtal før primtalskvadratet. Spørgsmålet er så, hvor det foregående mønster stopper. Selv om det giver en lille overlapning mellem mønstrene, må det være rimeligt at argumentere for, at det foregående mønster fortsætter til og med det sidste sammensatte tal før primtalskvadratet. Hvis vi valgte at standse talrækken her, ville vi nemlig slet ikke få en mønsterændring.

Efter disse overvejelser må det **første primtalsmønster** komme til at gå fra 3 til 8 i talrækken. 3 er det sidste primtal før primtalskvadratet 4, og 8 er det sidste sammensatte tal før primtalskvadratet 9. Her har 2-sien fjernet halvdelen af tallene, fordi de er sammensatte. Den sidste halvdel af tallene skulle så gerne bestå af primtal, hvilket da også er tilfældet.

Sammensatte tal: 4 – 6 – 8
Primtal: 3 – 5 – 7

Det **andet primtalsmønster** kommer til at gå fra 7 til 24. 7 er det sidste primtal før primtalskvadratet 9, og 24 er det sidste sammensatte tal før primtalskvadratet 25.

Her har 2..3-sien fjernet 2/3 af tallene, fordi de er sammensatte. Den sidste tredjedel af tallene skulle så gerne bestå af primtal, hvilket da også er tilfældet.

Sammensatte tal: 8 – 9 – 10 – 12 – 14 – 15 – 16 – 18 – 20 – 21 – 22 – 24

Primtal: 7 – 11 – 13 – 17 – 19 – 23

Det **tredje primtalsmønster** kommer til at gå fra 23 til 48. 23 er det sidste primtal før primtalskvadratet 25, og 48 er det sidste sammensatte tal før primtalskvadratet 49.

De 26 tal i intervallet 23 – 48 er imidlertid ikke nok til at dække den fulde talcyklus på 30, som omfattes af den kombinerede 2..5-si. Omregnet til procent ved vi imidlertid, at 2..5-siens simønster skulle give en potentiel primtalsprocent på 26,67. Det betyder i teorien, at 6,9 af de 26 tal i intervallet skal være primtal. Rent empirisk kan vi finde 7 primtal i det pågældende interval, så det passer jo meget godt, da vi kun kan operere med hele primtal.

Det **fjerde primtalsmønster** dækker kun 74 tal, medens den fulde cyklus for 2..7-sien er på 210 tal, og herefter begynder det for alvor at blive værre og værre.

Det **femte primtalsmønster** omfatter et interval på 56 tal ud af 2..11-siens cyklus på 2310 tal.

Det **sjette primtalsmønster** omfatter et interval på 122 tal ud af 2..13-siens cyklus på 30030 tal.

Det **syvende primtalsmønster** omfatter et interval på 78 tal ud af 2..17-siens cyklus på 510510 tal.

Det **ottende primtalsmønster** omfatter et interval på 170 tal ud af 2..19-siens cyklus på 9699690 tal.
Osv.

Nedenfor har vi opstillet en tabel over de 65 første primtalsmønstre, som dækker talrækken indtil 100488.

1 prim- tals- møn- ster	2 prim- tal	3 prim- tals- kva- drat	4 interval	5 simønst. eller potentiel primtals %	6 empir. antal primtal/ interval	7 Empir. primtals %
1.	2	4	3-8	50,00	3/6	50,00
2.	3	9	7-24	33,33	6/18	33,33
3.	5	25	23-48	26,67	7/26	26,92
4.	7	49	47-120	22,86	16/74	21,62
5.	11	121	113-168	20,78	10/56	17,86
6.	13	169	167-288	19,18	23/122	18,85
7.	17	289	283-360	18,05	12/78	15,38
8.	19	361	359-528	17,10	28/170	16,47
9.	23	529	523-840	16,36	48/318	15,09
10.	29	841	839-960	15,79	17/122	13,93
11.	31	961	953-1368	15,29	58/416	13,94
12.	37	1369	1367-1680	14,87	45/314	14,33
13.	41	1681	1669-1848	14,51	21/180	11,67
14.	43	1849	1847-2208	14,17	47/362	12,98
15.	47	2209	2207-2808	13,87	81/602	13,46
16.	53	2809	2803-3480	13,61	79/678	11,65
17.	59	3481	3469-3720	13,38	33/252	13,10
18.	61	3721	3719-4488	13,16	91/770	11,82
19.	67	4489	4483-5040	12,96	67/558	12,01
20.	71	5041	5039-5328	12,78	31/290	10,69
21.	73	5329	5323-6240	12,60	107/918	11,66
22.	79	6241	6229-6888	12,45	76/660	11,52
23.	83	6889	6883-7920	12,30	115/1038	11,08
24.	89	7921	7919-9408	12,16	164/1490	11,01
25.	97	9409	9403-10200	12,03	90/798	11,28
26.	101	10201	10193-10608	11,91	43/416	10,34

27.	103	10609	10607-11448	11,80	88/842	10,45
28.	107	11449	11447-11880	11,69	43/434	9,91
29.	109	11881	11867-12768	11,58	101/902	11,20
30.	113	12769	12763-16128	11,48	355/3366	10,55
31.	127	16129	16127-17160	11,39	100/1034	9,67
32.	131	17161	17159-18768	11,30	166/1610	10,31
33.	137	18769	18757-19320	11,22	50/564	8,87
34.	139	19321	19319-22200	11,14	300/2882	10,41
35.	149	22201	22193-22800	11,06	59/608	9,70
36.	151	22801	22787-24648	10,99	183/1862	9,83
37.	157	24649	24631-26568	10,92	187/1938	9,65
38.	163	26569	26561-27888	10,85	129/1328	9,71
39.	167	27889	27883-29928	10,79	199/2046	9,73
40.	173	29929	29927-32040	10,72	196/2114	9,27
41.	179	32041	32029-32760	10,66	77/732	10,52
42.	181	32761	32749-36480	10,61	357/3732	9,57
43.	191	36481	36479-37248	10,55	78/770	10,13
44.	193	37249	37243-38808	10,50	145/1566	9,26
45.	197	38809	38803-39600	10,44	76/798	9,52
46.	199	39601	39581-44520	10,39	464/4940	9,39
47.	211	44521	44519-49728	10,34	480/5210	9,21
48.	223	49729	49727-51528	10,29	169/1802	9,38
49.	227	51529	51521-52440	10,25	83/920	9,02
50.	229	52441	52433-54288	10,20	167/1856	9,00
51.	233	54289	54287-57120	10,16	271/2834	9,56
52.	239	57121	57119-58080	10,12	91/962	9,46
53.	241	58081	58073-63000	10,08	439/4928	8,91
54.	251	63001	62989-66048	10,04	276/3060	9,02
55.	257	66049	66047-69168	10,00	275/3122	8,81
56.	263	69169	69163-72360	9,96	293/3198	9,16
57.	269	72361	72353-73440	9,92	92/1088	8,46
58.	271	73441	73433-76728	9,88	293/3296	8,89
59.	277	76729	76717-78960	9,85	200/2244	8,91
60.	281	78961	78941-80088	9,81	100/1148	8,71
61.	283	80089	80077-85848	9,78	513/5772	8,89
62.	293	85849	85847-94248	9,75	736/8402	8,76
63.	307	94249	94229-96720	9,71	221/2492	8,87
64.	311	96721	96703-97968	9,68	108/1266	8,53
65.	313	97969	97967-100488	9,65	216/2522	8,56

Hvis vi ser bort fra de 3 første mønstre, som allerede har fået en grundig omtale, ser vi tre karakteristiske forhold.

For det første er den empiriske primtalsprocent i hvert enkelt tilfælde lavere end den potentielle primtalsprocent for hele det pågældende simønster. (I mønster nr. 4, 6 og 17 ville det empirisk fundne antal primtal dog ikke være blevet forøget med 1, selv om simønstrenes potentielle primtalsprocenter også havde været gældende i de respektive intervaller).

Når samtlige simønstre har en højere potentiel primtalsprocent end de empiriske primtalsprocenter fundet i de konkrete intervaller, kan forklaringen kun være, at primtallene ikke har en 100 % jævn fordeling igennem en hel cyklus. Det sidste byder da også sig selv, når det drejer sig om differencer af forskellig størrelse.

Lad os bruge primtalsmønster nr. 4 og 2..7-sien som eksempel. Efter brug af 2..7-sien er der 16 primtal tilbage i intervallet 47 – 120, hvilket vil sige 16 primtal ud af 74. Primtallene har dermed en difference på i gennemsnit 4,63 til hinanden. Af den fulde cyklus på 210 er der altså et interval på 136 tilbage, og efter brug af 2..7-sien drejer det sig om 32 potentielle primtal. Disse 32 tal har dermed i gennemsnit kun en difference på 4,25 til hinanden. Differencefordelingen i simønsteret er altså skyld i, at den empiriske primtalsprocent i intervallet 47 – 120 er lavere end den potentielle primtalsprocent for hele mønsteret.

Når de empiriske primtalsprocenter er lavere end de potentielle primtalsprocenter i samtlige anførte intervaller, må det også gælde for alle de pågældende primtalsmønstre, at differencerne her i gennemsnit er en smule større end i de tilsvarende simønstre.

Det nævnte forhold er så markant, at der måske kan være tale om et generelt fænomen, som også gælder efter primtalsmønster 65. Det er dog ikke undersøgt.

Det andet karakteristiske træk i tabellen er den måde, som de empiriske primtalsprocenter bevæger sig på fra interval til interval. Snart stiger procenterne, snart falder de, og der er ikke tale om et fast mønster. Det skyldes ligeledes, at simønstrenes differencer ikke er jævnt fordelt.

Den ujævne differencefordeling må henføres til, at hvert nyt simønster tager sin begyndelse et eller andet sted inde i et fungerende simønster. Her starter det med at lave en differenceændring ved at fjerne si-tallets eget kvadrattal. Herefter vil sien fjerne multipla af sit eget si-tal og de efterfølgende tal i talrækken, som ikke er blevet fjernet af de foregående sier. Jo mindre differencen er mellem disse tal, jo flere multipla vil der være mulighed for at finde inden for et givet interval, så den empiriske primtalsprocent bliver sænket.

I primtalsmønster nr. 6 er der ikke væsentlig forskel på den empiriske primtalsprocent og simønsterets potentielle primtalsprocent, men i primtalsmønster nr. 7, der følger umiddelbart efter, falder den empiriske primtalsprocent drastisk i forhold til den potentielle primtalsprocent. Vi må dog straks konstatere, at det drejer sig om et lille interval, nemlig fra 283 til 360. Det er altså et interval på kun 78 tal set i forhold til 2..17-siens samlede cyklus på 510510 tal, hvilket betyder, at det empiriske primtalsmønster kun udgør 0,015 % af det samlede simønster.

I primtalsmønster nr. 7 er der 12 primtal. Det betyder, at 2..17-sien fjerner 66 af de 78 tal som sammensatte. Taget enkeltvis fjerner 2-sien 39 af tallene, og af de resterende 39 fjerner 3-sien 13, hvorefter der er 26 tal tilbage. Ud af disse fjerner 5-sien 5 tal, så der herefter er følgende 21 tilbage: 283 – 287 – 289 – 293 – 299 – 301 – 307 – 311 – 313 – 317 – 319 – 323 – 329 – 331 – 337 – 341 – 343 – 347 – 349 – 353 – 359.

Hvis det havde drejet sig om det fulde simønster, ville 7-sien herefter fjerne 1/7 af tallene, hvilket med en 100 % jævn differencefordeling i det aktuelle tilfælde ville sige 3 tal, men rent empirisk kan vi konstatere, at der bliver fjernet 4 tal: 287 – 301 – 329 – 343.

De fjernede tal er multipla af 7 x 41
$$7 \times 43$$
$$7 \times 47$$
$$7 \times 49$$

Når 7-sien kan fjerne 4 tal, er årsagen helt klart, at differencen fra det første tal til det sidste er så lille, at begge tal kan holde sig inden for intervallet 283 – 360, når de bliver multipliceret med 7. Det kan kun lade sig gøre, fordi differencen mellem de 4 tal er lavere end gennemsnittet for hele det pågældende simønster.

På samme måde er det med 11-sien, som fjerner 2 tal ud af de resterende 17, nemlig 319 og 341, som er henholdsvis 11 x 29 og 11 x 31.

13-sien holder sig til gennemsnittet og fjerner et enkelt tal, nemlig 299, som er dannet af 13 x 23.

Ved de sidste 14 tal, som nu er tilbage, opfører 17-sien sig helt "ugennemsnitlig" og fjerner 2 tal, nemlig 289 og 323, som er dannet af 17 x 17 og 17 x 19; altså igen to tal som har den mindst mulige difference til hinanden.

Vi kan hermed konkludere, at primtalsprocenten for primtalsmønster nr. 7 bliver så markant lav, fordi 7-, 11- og 17-sien netop i det pågældende interval fjerner flere tal som sammensatte, end de i gennemsnit vil gøre for hele simønsterets vedkommende.

Endelig kan vi for det tredje konstatere, at selv om de empiriske primtalsprocenter er svingende, så har de dog på længere sigt en faldende tendens. Det er der ikke noget mærkeligt i, for det kan simpelthen ikke være anderledes.

Fra og med det primtal, hvor et primtalsmønster begynder, og i resten af den uendelige talrække, vil den totale primtalsprocent nemlig altid være lavere end den potentielle primtalsprocent for det tilsvarende simønster.

Det betyder f.eks., at fra og med primtallet 9403, hvor primtalsmønster nr. 25 begynder, og videre frem i den uendelige talrække vil den totale primtalsprocent være lavere end 12,03 %, fordi 2..97-sien herefter alene fjerner 87,97 % af samtlige tal.

For at få en potentiel primtalsprocent på under 10 skal vi benytte et si-tal, der ligger over 250. For at få procenten under 9 skal vi benytte et si-tal på næsten 500, og vi skal over 1000 for at få procenten under 8. For at få procenten under 7, skal vi op på et si-tal på næsten 3000. Med denne si er vi kommet så langt ud i talrækken, at den først begynder at virke ved et primtal, der ligger i nærheden af 9.000.000.

Men talrækken er uendelig, og allerede den græske matematiker Euklid beviste, at der også findes uendeligt mange primtal. Heraf følger, at der også findes uendeligt mange si-tal, og for hvert si-tal, der benyttes, vil der blive fjernet yderligere en andel af de sammensatte tal. Hermed vil primtalsprocenten også falde yderligere en anelse videre frem i den uendelige talrække. Vi kan altså konkludere, at hver gang et nyt primtalsmønster begynder, vil primtallene videre frem i den uendelige talrække komme til at udgøre en stadig mindre andel.

Selv om den potentielle primtalsprocent vil falde for hvert nyt simønster, vi tager i brug, vil det alligevel være sådan, at der i absolutte tal kan optælles langt flere primtal i det nye mønster. Det skyldes den voldsomme måde, som simønstrene vokser på. Her behøver vi for eksemplets skyld blot at se på de små si-kombinationer.

2..5-sien har en cyklus på 30 tal, medens 2..7-sien har en cyklus på 210 tal. Når 2..7-sien tages i brug, falder den potentielle primtalsprocent ganske vist samtidig fra 26,67 % til 22,86 %, men de små 4 % betyder jo ikke ret meget i forhold til den forøgede talmængde. Dette forhold vil blive mere og mere udtalt, jo længere vi når frem i talrækken, idet den potentielle primtalsprocent vil falde i et decelererende tempo, medens hver ny talcyklus vil blive forøget i et accelererende tempo.

Primtalsmønstrene bevæger sig i et helt andet adstadigt tempo, og vi kan derfor stille det spørgsmål, om vi et eller andet sted ude i talrækken kan risikere at støde på et primtalsmønster, som ikke indeholder et eneste primtal. Vi skal altså så støde på to primtalskvadrater, som ikke har et eneste primtal imellem sig.

Vi kan se, at primtalsmønstrenes intervaller er noget svingende i størrelse. Sådan vil det nødvendigvis være, når der er en forskellig difference mellem primtallene, men hvis vi tager alle de intervaller for sig, der kan henføres til primtal med en difference på 2, vil vi naturligvis også finde stadigt stigende intervaller. Det er jo klart, at intervallet mellem kvadrattallene af 5 og 7 vil være mindre end intervallet mellem kvadrattallene af 11 og 13, og at intervallet mellem kvadrattallene af 11 og 13 vil være mindre end intervallet mellem kvadrattallene af 17 og 19 osv. De samme betragtninger kan vi gøre over kvadrattal til primtal, der har en indbyrdes difference på 4, altså 7 og 11, 13 og 17 osv. Herefter fortsætter vi med indbyrdes differencer på 6, 8, 10 osv.

Inden for de forskellige differencegrupper, som er opstillet på næste side, er der eksempler på, at et senere interval indeholder færre primtal end et foregående interval, selv om det senere interval naturligvis er det største. F.eks. er der kun 31 primtal i et interval på 290 dannet af primtallene 71 og 73, medens der er 33 i et interval på 252 dannet af primtallene 59 og 61. Dog er der slet ingen tvivl om, at den generelle tendens går mod flere og flere primtal pr. interval, når intervallerne bliver større. Dermed er det ikke bevist, men det er sandsynliggjort, at der nok ikke eksisterer et primtalsmønster uden primtal.

Difference 2	Difference 4	Difference 6	Difference 8
3 - 5 : 6	7 - 11 : 16	23 - 29 : 48	89 - 97 : 164
5 - 7 : 7	13 - 17 : 23	31 - 37 : 58	
11 - 13 : 10	19 - 23 : 28	47 - 53 : 81	
17 - 19 : 12	37 - 41 : 45	53 - 59 : 79	
29 - 31 : 17	43 - 47 : 47	61 - 67 : 91	
41 - 43 : 21	67 - 71 : 67	73 - 79 : 107	
59 - 61 : 33	79 - 83 : 76	83 - 89 : 115	
71 - 73 : 31	97 - 101 : 90	131 - 137 : 166	
101 - 103 : 43	103 - 107 : 88	151 - 157 : 183	
107 - 109 : 43	109 - 113 : 101	157 - 163 : 187	
137 - 139 : 50	127 - 131 : 100	167 - 173 : 199	
149 - 151 : 59	163 - 167 : 129	173 - 179 : 196	
179 - 181 : 77	193 - 197 : 145	233 - 239 : 271	
191 - 193 : 78	223 - 227 : 169	251 - 257 : 276	
197 - 199 : 76	229 - 233 : 167	257 - 263 : 275	
227 - 229 : 83	277 - 281 : 200	263 - 269 : 293	
239 - 241 : 91	307 - 311 : 221	271 - 277 : 293	
269 - 271 : 92			
281 - 283 : 100			
311 - 313 : 108			

Difference 10	Difference 12	Difference 14
139 - 149 : 300	199 - 211 : 464	113 - 127 : 355
181 - 191 : 356	211 - 223 : 480	293 - 307 : 736
241 - 251 : 439		
283 - 293 : 513		

I dette kapitel er det blevet vist, at primtallene ligger i bestemte mønstre, selv om disse mønstre med undtagelse af de første to aldrig når at udfolde sig i deres fulde længde, før de bliver afløst af et nyt mønster, og at primtallene ved hvert nyt mønsters begyndelse vil komme til at udgøre en stadig mindre del af samtlige tal i den uendelige naturlige talrække.

Da ingen si kan fjerne samtlige efterfølgende primtal, er det dog ganske klart, at der er et uendeligt antal primtal. Primtalsprocenten kan dermed aldrig komme helt ned på 0.

Procenten for de sammensatte tal kan derfor tilsvarende heller aldrig komme helt op på 100.

Rent illustrationsmæssigt må der i forenklet form for de sammensatte tals vedkommende ske følgende på et eller andet tidspunkt: Efter brug af x antal sier udgør de sammensatte tal nu 99.999999 %. Da vi ikke kan komme op på 100 %, må den næste si fjerne mindre end 0,000001 % af den resterende talrække, hvorfor vi nu må til at arbejde med 7 cifre efter kommaet. I fremtiden må vi heller aldrig komme i en situation, hvor det syvende ciffer når over 9, da der så vil ske en kædereaktion, hvor vi ender med at komme op på de umulige 100 %.

Det er vel endda et spørgsmål, om procenten for de sammensatte tal når op på 99,999999 %. Kædereaktionen med forhøjelse af de foranliggende cifre kunne jo blive stoppet et helt andet sted, måske endda på et langt tidligere tidspunkt, f.eks. ved 97 eller 98 komma et eller andet.

Primtalstvillinger

To primtal, som kun har en difference på 2 i forhold til hinanden, kaldes primtalstvillinger. Det kan f.eks. være 11 – 13, 17 – 19, 29 – 31 osv.

Der er mange af dem. I de første 65 primtalsmønstre er der således i alt 1227 tvillinger, som er dannet af 2453 tvillingetal. Umiddelbart ville forventningen måske være 2454 tvillingetal, da der jo naturligvis indgår to tvillingetal i en tvilling, men i 1. primtalsmønster indgår tallet 5 både i en tvilling med tallet 3 og med tallet 7.

Fra og med primtallet 2 til og med primtallet 100483 i 65. primtalsmønster er der i alt 9631 forskellige primtal. Det betyder, at 25,47 % af dem, hvilket rundt regnet vil sige en fjerdedel, indgår i en tvilling.

Lad os starte ved begyndelsen for at se, hvorledes udviklingen går fra simønster til simønster.

2-sien fjerner alle de lige tal og skaber dermed den ulige talrække. Når 3-sien herefter har fjernet hvert tredje af de ulige tal, er de tilbageblevne tal i talrækken placeret som tvillinger.

2..3-siens simønster: 7 – 11 – 13 – 17 – 19 – 23
difference   4 – 2 – 4 – 2 – 4
tvillingemønster   4   tv   4   tv   4

2..5-siens simønster vil på samme måde være:
23 – 29 – 31 – 37 – 41- 43 – 47 – 49 – 53/- 59 – 61 – 67 – 71 – 73 – 77 – 79 – 83/- osv.
Det giver tvillingemønsteret:
6– tv – 10 – tv – 4 – tv – 4/6 – tv – 10 – tv – 4 – tv –4/osv.

For 2..7-sien vil simønsteret være:
47 – 53 – 59 – 61 – 67 – 71 – 73 – 79 – 83 - 89 – 97 – 101
– 103 – 107 - 109 – 113 – 121 – 127 – 131 – 137 – 139 –
143 – 149 – 151 – 157 – 163 – 167 – 169 – 173 – 179 –
181 – 187 – 191 – 193 – 197 – 199 – 209 – 211 – 221 –
223 – 227 – 229 – 233 – 239 – 241 – 247 – 251 – 253 –
257/-osv.
Det giver tvillingemønsteret:
12-tv-10-tv-28-tv-4-tv-28-tv-10-tv-16-tv-10-tv-10-tv-4-
tv-10-tv-10-tv-4-tv-10-tv-10-tv-4/osv.

Hvor mange tvillinger, der vil være i simønstrene, kan
også vises ved en matematisk beregning. Vi henviser til
kapitlet om siernes logik og starter med 2..5-sien.

2..5-sien dækker et mønster på	30 tal
2..3-sien fjerner 2/3	20 ”
rest	10 tal

Vi har netop set, at efter brug af 2..3-sien indgår samtlige
tal i tvillinger.

Derfor:	10 tv.tal	= 5 tvillinger af 10 tal
5-sien fjerner 1/5	2 ” ”	= 2 ” 2 ”
rest		3 tv 8 tal

3 tvillinger = 6 tal
Efter brug af 2..5-sien indgår 6/8 af tallene i tvillinger =
75 %.

Regnestykket behøver kun en enkelt forklaring, og det er
påstanden om, at når 5-sien fjerner 2 tal, vil det også med-
føre, at der bliver fjernet 2 tvillinger.
Da differencen mellem de to tal i en tvilling er 2, vil
ingen si større end 2 kunne fjerne begge tal i den samme
tvilling.

Dermed kommer antallet af fjernede tal altid til at svare til antallet af fjernede tvillinger.

2..7-sien dækker et mønster på			210 tal
2..5-sien fjerner 20/30 + 2/30			154 ”
rest			56 tal

Efter brug af 2..5-sien er 3/4 af tallene tv.tal:

3/4 x 56 tv.tal	= 42 tv.tal	= 21 tv	
7-siden fjerner 1/7	6 ” ”	= 6 ”	8 ”
rest		15 tv	48 tal

15 tvillinger = 30 tal
Efter brug af 2..7-sien indgår 30/48 af tallene i tvillinger = 62,5 %.

2..11-sien dækker et mønster på			2310 tal
2..7-sienfjerner154/210 + 8/210			1782 ”
rest			528 tal

Efter brug af 2..7-sien er 5/8 af tallene tv.tal:

5/8 x 528 tv.tal	= 330 tv.tal	= 165 tv	
11-sien fjerner 1/11	30 ” ”	= 30 ”	48 ”
rest		135 tv	480 tal

135 tvillinger = 270 tal
Efter brug af 2..11-sien indgår 270/480 af tallene i tvillinger = 56,25 %.

Efter brug af 2..13-sien indgår 51,56 % af tallene i tvillinger
”　　　” ” 2..17-sien　　” 48,34 ” ” ” ” ”
”　　　” ” 2..19-sien　　” 45,66 ” ” ” ” ”
”　　　” ” 2..23-sien　　” 43,58 ” ” ” ” ”

De viste beregninger er i grunden ganske simple, blot nærmer de sig allerede nu det punkt, hvor det foregår med tal indeholdende så mange cifre, at det nærmer sig det meningsløse. Vi kan dog drage et par vigtige konklusioner.

For hver ny si vi tilføjer, vil der blive fjernet en vis procentdel af tvillingetallene, således at de vil komme til at udgøre en stadig mindre del af de potentielle primtal i den uendelige talrække.

På trods af det procentvise fald fra simønster til simønster, vil et hvert simønster dog i absolutte tal indeholde langt flere tvillingetal end det foregående simønster. Sådan må det nødvendigvis være, da tvillingeprocenten falder i et decelererende tempo, medens hver ny talcyklus bliver forøget med en accelererende faktor.

Da ingen si kan fjerne mere end en andel af de resterende tvillingetal, må der nødvendigvis være et uendeligt stort antal tvillingetal. Vi vil altså aldrig kunne nå frem til et simønster, hvor procenten for tvillingetallene vil komme ned på nul.

Lad os nu forlade simønstrene til fordel for de konkrete primtalsmønstre. I den udarbejdede tabel bliver der anført, hvor stor en andel tvillingetallene rent empirisk udgør af det samlede antal primtal i de enkelte mønstre, og for sammenlignelighedens skyld er det også anført i procenter.

Hvis vi sammenligner denne tabel med den tilsvarende tabel, der dækker samtlige primtal, er der en meget slående forskel, og det er den måde, som tvillingetalsprocenten springer frem og tilbage på. I de første fem primtalsmønstre er den konstant faldende fra 100 til 40, men så stiger den i det sjette primtalsmønster til næsten 61. Herefter er der trods alt samlet set en tydelig faldende tendens, selv om der er mange og forholdsvis store udsving.

1	2	3	4	5	6
prim-tals-møn-ster	prim-tal	prim-tals-kvad-rat	interval	empir. antal tv-tal/ alle primtal	empirisk tv-tals %
1.	2	4	3-8	3/3	100,00
2.	3	9	7-24	4/6	66,67
3.	5	25	23-48	4/7	57,14
4.	7	49	47-120	8/16	50,00
5.	11	121	113-168	4/10	40,00
6.	13	169	167-288	14/23	60,87
7.	17	289	283-360	4/12	33,33
8.	19	361	359-528	8/28	28,57
9.	23	529	523-840	16/48	33,33
10.	29	841	839-960	4/17	23,53
11.	31	961	953-1368	22/58	37,93
12.	37	1369	1367-1680	14/45	31,11
13.	41	1681	1669-1848	6/21	28,57
14.	43	1849	1847-2208	22/47	46,81
15.	47	2209	2207-2808	26/81	32,10
16.	53	2809	2803-3480	26/79	32,91
17.	59	3481	3469-3720	10/33	30,30
18.	61	3721	3719-4488	38/91	41,76
19.	67	4489	4483-5040	22/67	32,84
20.	71	5041	5039-5328	6/31	19,35
21.	73	5329	5323-6240	30/107	28,04
22.	79	6241	6229-6888	28/76	36,84
23.	83	6889	6883-7920	28/115	24,35
24.	89	7921	7919-9408	42/164	25,61
25.	97	9409	9403-10200	30/90	33,33
26.	101	10201	10193-10608	14/43	32,56
27.	103	10609	10607-11448	20/88	22,73
28.	107	11449	11447-11880	12/43	27,91
29.	109	11881	11867-12768	22/101	21,78
30.	113	12769	12763-16128	84/355	23,66
31.	127	16129	16127-17160	24/100	24,00
32.	131	17161	17159-18768	54/166	32,53
33.	137	18769	18757-19320	12/50	24,00
34.	139	19321	19319-22200	90/300	30,00
35.	149	22201	22193-22800	20/59	33,90

36.	151	22801	22787-24648	40/183	21,86
37.	157	24649	24631-26568	34/187	18,18
38.	163	26569	26561-27888	42/129	32,56
39.	167	27889	27883-29928	46/199	23,12
40.	173	29929	29927-32040	50/196	25,51
41.	179	32041	32029-32760	26/77	33,77
42.	181	32761	32749-36480	98/357	27,45
43.	191	36481	36479-37248	14/78	17,95
44.	193	37249	37243-38808	40/145	27,59
45.	197	38809	38803-39600	16/76	21,05
46.	199	39601	39581-44520	104/464	22,41
47.	211	44521	44519-49728	118/480	24,58
48.	223	49729	49727-51528	46/169	27,22
49.	227	51529	51521-52440	18/83	21,69
50.	229	52441	52433-54288	32/167	19,16
51.	233	54289	54287-57120	64/271	23,62
52.	239	57121	57119-58080	18/91	19,78
53.	241	58081	58073-63000	92/439	20,96
54.	251	63001	62989-66048	66/276	23,91
55.	257	66049	66047-69168	54/275	19,64
56.	263	69169	69163-72360	86/293	29,35
57.	269	72361	72353-73440	14/92	15,22
58.	271	73441	73433-76728	60/293	20,48
59.	277	76729	76717-78960	40/200	20,00
60.	281	78961	78941-80088	24/100	24,00
61.	283	80089	80077-85848	136/513	26,51
62.	293	85849	85847-94248	176/736	23,91
63.	307	94249	94229-96720	44/221	19,91
64.	311	96721	96703-97968	36/108	33,33
65.	313	97969	97967-100488	48/216	22,22

Årsagen til det nævnte tigerspring fra primtalsmønster 5 til printalsmønster 6 er dog ganske åbenbar. Primtalsmønster 5 omfatter talrækken fra 113 – 168. I dette lille empiriske interval på kun 76 fjerner 7-sien nemlig ikke mindre end 3 tal, tallene 119 – 133 – 161, der efter brug af 2..5-sien stod tilbage som potentielle tvillingeprimtal. I det mere end dobbelt så store interval i primtalsmønster 6 fjerner 7-sien kun 2 potentielle tvillingetal, nemlig 259 og 287. Med yderligere 4 potentielle tvillingetal fjernet, hvilket ville have svaret til gennemsnittet i primtalsmønster 5, ville procenten for de empiriske tvillingetal også have været ca. den samme.

Dette klare eksempel viser tydeligt, at der ikke skal meget til for at frembringe de procentvise svingninger, som vi ser frem gennem mønstrene. Dog vil det naturligvis være sådan, at de absolutte ændringer skal være større og større, efterhånden som intervallerne stiger, før de "ugennemsnitlige" differencefordelinger i de forskellige mønstre, som der jo i virkeligheden er tale om, slår igennem i form af markante afvigelser.

Som allerede anført vil der ikke på noget tidspunkt i den uendelige talrække kunne findes simønstre uden primtalstvillinger. Derimod kan det ikke helt afvises, at det på grund af de nævnte afvigelser måske vil kunne forekomme i de langt mindre primtalsmønstre.

Her har vi igen inddelt primtalsmønstrene i de forskellige differencegrupper for de første 100.000 tal, og vi kan konstatere, at antallet af tvillingetal ofte er faldende fra gruppe til gruppe, men på længere sigt synes der klart at være en tendens til et stigende antal. Det anførte empiriske grundlag er naturligvis yderst begrænset, men intet tyder altså på, at vi nogensinde vil få et primtalsmønster uden primtalstvillinger.

Tvillingetallenes antal i de forskellige differencegrupper

Difference 2	Difference 4	Difference 6	Difference 8
3 - 5 : 4	7 - 11 : 8	23 - 29 : 16	89 - 97 : 42
5 - 7 : 4	13 - 17 : 14	31 - 37 : 22	
11 - 13 : 4	19 - 23 : 8	47 - 53 : 26	
17 - 19 : 4	37 - 41 : 14	53 - 59 : 26	
29 - 31 : 4	43 - 47 : 22	61 - 67 : 38	
41 - 43 : 6	67 - 71 : 22	73 - 79 : 30	
59 - 61 : 10	79 - 83 : 28	83 - 89 : 28	
71 - 73 : 6	97 - 101 : 30	131 - 137 : 54	
101 - 103 : 14	103 - 107 : 20	151 - 157 : 40	
107 - 109 : 12	109 - 113 : 22	157 - 163 : 34	

137 - 139 : 12   127 - 131 : 24   167 - 173 : 46
149 - 151 : 20   163 - 167 : 42   173 - 179 : 50
179 - 181 : 26   193 - 197 : 40   233 - 239 : 64
191 - 193 : 14   223 - 227 : 46   251 - 257 : 66
197 - 199 : 16   229 - 233 : 32   257 - 263 : 54
227 - 229 : 18   277 - 281 : 40   263 - 269 : 86
239 - 241 : 18   307 - 311 : 44   271 - 277 : 60
269 - 271 : 14
281 - 283 : 24
311 - 313 : 36

Difference 10   **Difference 12**   **Difference 14**
139 - 149 : 90   199 - 211 : 104   113 - 127 : 84
181 - 191 : 98   211 - 223 : 118   293 - 307 : 176
241 - 251 : 92
283 - 293 : 136

‘

Afslutning

Denne lille bog skulle nu gerne have gjort op med enhver forestilling om, at primtallene ligger mere eller mindre tilfældigt spredt i talrækken. Selv hos matematikere kan vi støde på udsagn, der hælder mod denne tilfældighedsspredning. I en kun ganske få år gammel fagbog om primtal anføres det således som en "kuriositet", at "parret 659-661 er begyndelsen til et rekordstort hul blandt tvillingeprimtal. Det næste par er først 809-811."

Jojo, oplysningen er skam rigtignok, men det er da ikke en kuriositet, at de foregående sier frembringer et rekordstort hul. Det er ren og skær logik. Og så er det da for resten også tilladt at undersøge tvillingespringsrekorderne rent empirisk. Det sker ofte i form af betydelige spring. I løbet af de første 65 primtalsmønstre sættes rekorderne således:

1. tvilling	spring	2. tvilling
3-5	0	5-7
5-7	4	11-13
17-19	10	29-31
41-43	16	59-61
71-73	28	101-103
311-313	34	347-349
347-349	70	419-421
659-661	148	809-811

2381-2383	166	2549-2551
5879-5881	208	6089-6091
13397-13399	280	13679-13681
18539-18541	370	18911-18913
24419-24421	496	24917-24919
62297-62299	628	62927-62929

Hvis nogle på samme måde kunne få lyst til at finde rekordspringene for samtlige primtal, vil rekorderne i de samme 65 mønstre i halvdelen af tilfældene kun blive forøget med 2. Rekorden er i øvrigt på 72 og bliver sat mellem primtallene 31397 og 31469.

Primtallene er placeret i mønstre, det ene efter det andet, og primtalstvillingernes potentielle antal kan beregnes ganske nøjagtigt for hvert eneste simønster. Alt er ren logik. Det drejer sig "kun" om at forstå den talrække, der starter med tallet 1, og som vi kan fortsætte i det uendelige ved igen og igen at forøge den med yderligere 1.

Værktøjet til at finde frem til disse resultater har været en håndfuld kuglepenne, papir og en lommeregner. Computerprogrammering kombineret med matematisk viden må formodes at være vejen videre frem.

Summary

If we are looking at a series of numbers, where the sieve of Eratosthenes has been used, we can very easily receive the impression that the primes occur in some random way. That is not the case at all. In fact the primes are placed in logical patterns.

This we can demonstrate by dividing the sieve of Eratosthenes into its single parts which mean a 2-sieve, a 3-sieve, a 5-sieve, a 7-sieve etc. The 2-sieve will remove every second number, the 3-sieve will remove every third number, the 5-sieve every fifth number etc. Every sieve has its own particular cycle as a number remover.

If we combine the 2-sieve and the 3-sieve the cycle is going to be 2x3 numbers = 6 numbers. The result is that at first the 2-sieve removes every second number, then the 3-sieve removes every third of the rest. This means that the combined 2..3-sieve removes $1/2 + (1/3 \times 1/2)$ of the numbers = 2/3 of the numbers. This cycle will go on and go on forever.

If we then combine the already combined 2..3-sieve with the 5-sieve the result is a cycle of 6x5 numbers = 30 numbers. Here the 2..3-sieve removes 2/3 of the numbers, and the 5-sieve removes 1/5 of the rest. The result is that the 2..5-sieve removes 11/15 of all the numbers.

We can continue with the 7-sieve, the 11-sieve etc. The removed numbers are identical with the composed numbers, and the numbers left are identical with the primes. We have seen that the composed numbers are placed in logical patterns. This means that the primes must be placed in logical patterns, too. That simply must be the case because the composed numbers and the primes complete each other. Together they constitute the total series of numbers.

*

Every time a sieve combination is combined with one more sieve, we will have a new cycle where the series of numbers are reduced after a new pattern. The new pattern will always begin with the square number of the new sieve number. In the previous pattern the square number was not removed. It was a potential prime. Now it will be removed and that will be the case, too, for all other numbers which are multiples of the sieve number and all the following numbers not removed.

Sieve numbers and primes are of course identical. Therefore it is obvious that we can't talk about one prime pattern through the infinite series of numbers. Every time a prime reaches its own square number we will have a new prime pattern. That means that the empirical prime patterns are far smaller than the cycles of the corresponding sieve patterns.

When we reach a new sieve pattern we can calculate exactly the percentage of numbers which will not be removed if we go on with the same sieve combination for ever. This is the percentage of potential primes. Every time we reach a new sieve pattern we can say for sure that the percentage of potential primes will be smaller. This means that the frequency of the primes will decline the longer we get out into the infinite series of numbers.

The prime patterns where we can find the primes empirically are more complex. Here we can find a lot of examples where the percentage of primes is increasing from one pattern to the next. This is due to a simple explanation. As mentioned earlier the prime patterns are far smaller than the cycles of the corresponding sieve patterns, and it is very easy to find out that the potential primes in a sieve pattern not are placed so they have the same difference to each other. Therefore the percentage of the empirical primes will increase now and then, but in the long run there is no doubt that the percentage of the primes is falling, and it is smaller than the percentage of the potential primes.

*

Two primes which only have a difference of 2 to each other are called twins. Examples of twins are 11 and 13, 17 and 19, 29 and 31 etc.

When we have used the 2-sieve in a series of numbers, we have all the odd numbers left. If we continue with the combined 2..3-sieve, all the numbers left will be placed as twins.

Now we will go to the 2..5-sieve. This sieve has a cycle of 30 numbers. The 2..3-sieve removes 20 of the numbers. We have 10 left and as just said they are placed as 5 twins. The 5-sieve will remove 1/5 of the 10 twin numbers = 2 twin numbers.

Here we must remember that the difference between the two numbers in a twin is 2. That means that no sieve bigger than 2 can remove both numbers in the same twin. Therefore the 5-sieve not only removes 2 twin numbers but 2 twins. When we have used the 2..5-sieve we have 8 numbers left, but only 6 of these are parts of a twin.

We can make similar calculations for all sieve combinations. When we have used the 2..7-sieve, 62,5 % of the potential primes will be parts of a twin. With the 2..11-sieve the percentage will fall to 56,25 % and so on.

For every sieve used the twin numbers will constitute a smaller part of the potential primes, but no sieve can remove more than a percentage of the twin numbers. Therefore there must be an infinite number of prime twins.

44

Though the percentage of the twin numbers is falling there will be many more twin numbers in every new sieve pattern than in the preceding pattern. That is due to the fact that the cycles increase by an accelerating factor, whereas the percentage is declining by a decelerating factor.

Even in the much smaller prime patterns it does not seem likely that we should ever meet a pattern without twins. On the contrary, empirical finding conclude that in the long run there will be an increasing amount of twins.

Primtalsmønster 1 – 65

Primtalsmønstrene er konstrueret i henhold til overvejel-serne i kapitlet *Primtallene*. Det medfører, at det første primtal i et primtalsmønster altid er lig med det sidste primtal i det foregående primtalsmønster.

Primtal, der indgår i tvillinger, er markeret med fed skrift. Dog kun i det mønster, hvor begge tvillingetal be-finder sig, hvis der er mønsteroverlapning (se f.eks. tallet 283).

2   3

1. primtalsmønster

	3	**5**	**7**	

2. primtalsmønster

			7	**11**
13	**17**	**19**	23	

3. primtalsmønster

			23	**29**
31	37	**41**	**43**	47

4. primtalsmønster

				47
53	**59**	**61**	67	**71**
73	79	83	89	97
101	**103**	**107**	**109**	113

5. primtalsmønster

				113
127	131	**137**	**139**	**149**
151	157	163	167	

6. primtalsmønster

			167	173
179	**181**	**191**	**193**	**197**
199	211	223	**227**	**229**
233	**239**	**241**	251	257
263	**269**	**271**	277	**281**
283				

7. primtalsmønster

283	293	307	**311**	**313**
317	331	337	**347**	**349**
353	359			

8. primtalsmønster

	359	367	373	379
383	389	397	401	409
419	**421**	**431**	**433**	439
443	449	457	**461**	**463**
467	479	487	491	499
503	509	**521**	**523**	

9. primtalsmønster

			523	541

547	557	563	**569**	**571**
577	587	593	**599**	**601**
607	613	**617**	**619**	631
641	**643**	647	653	**659**
661	673	677	683	691
701	709	719	727	733
739	743	751	757	761
769	773	787	797	**809**
811	**821**	**823**	**827**	**829**
839				

10. primtalsmønster

839	853	**857**	**859**	863
877	**881**	**883**	887	907
911	919	929	937	941
947	953			

11. primtalsmønster

	953	967	971	977
983	991	997	1009	1013
1019	**1021**	**1031**	**1033**	1039
1049	**1051**	**1061**	**1063**	1069
1087	**1091**	**1093**	1097	1103
1109	1117	1123	1129	**1151**
1153	1163	1171	1181	1187
1193	1201	1213	1217	1223
1229	**1231**	1237	1249	1259
1277	**1279**	1283	**1289**	**1291**
1297	**1301**	**1303**	1307	**1319**
1321	1327	1361	1367	

12. primtalsmønster

			1367	1373
1381	1399	1409	1423	**1427**
1429	1433	1439	1447	**1451**
1453	1459	1471	**1481**	**1483**
1487	**1489**	1493	1499	1511

1523	1531	1543	1549	1553
1559	1567	1571	1579	1583
1597	1601	**1607**	**1609**	1613
1619	**1621**	1627	1637	1657
1663	**1667**	**1669**		

13. primtalsmønster

		1669	1693	**1697**
1699	1709	**1721**	**1723**	1733
1741	1747	1753	1759	1777
1783	**1787**	**1789**	1801	1811
1823	1831	1847		

14. primtalsmønster

		1847	1861	1867
1871	**1873**	**1877**	**1879**	1889
1901	1907	1913	**1931**	**1933**
1949	**1951**	1973	1979	1987
1993	**1997**	**1999**	2003	2011
2017	**2027**	**2029**	2039	2053
2063	2069	**2081**	**2083**	**2087**
2089	2099	**2111**	**2113**	**2129**
2131	2137	**2141**	**2143**	2153
2161	2179	2203	2207	

15. primtalsmønster

			2207	2213
2221	**2237**	**2239**	2243	2251
2267	**2269**	2273	2281	2287
2293	2297	**2309**	**2311**	2333
2339	**2341**	2347	2351	2357
2371	2377	**2381**	**2383**	2389
2393	2399	2411	2417	2423
2437	2441	2447	2459	2467
2473	2477	2503	2521	2531
2539	2543	**2549**	**2551**	2557
2579	**2591**	**2593**	2609	2617

2621	2633	2647	**2657**	**2659**
2663	2671	2677	2683	**2687**
2689	2693	2699	2707	**2711**
2713	2719	**2729**	**2731**	2741
2749	2753	2767	2777	**2789**
2791	2797	**2801**	**2803**	

16. primtalsmønster

			2803	2819
2833	2837	2843	2851	2857
2861	2879	2887	2897	2903
2909	2917	2927	2939	2953
2957	2963	**2969**	**2971**	**2999**
3001	3011	3019	3023	3037
3041	3049	3061	3067	3079
3083	3089	3109	**3119**	**3121**
3137	3163	**3167**	**3169**	3181
3187	3191	3203	3209	3217
3221	3229	**3251**	**3253**	**3257**
3259	3271	**3299**	**3301**	3307
3313	3319	3323	**3329**	**3331**
3343	3347	**3359**	**3361**	**3371**
3373	**3389**	**3391**	3407	3413
3433	3449	3457	**3461**	**3463**
3467	**3469**			

17. primtalsmønster

	3469	3491	3499	3511
3517	**3527**	**3529**	3533	**3539**
3541	3547	**3557**	**3559**	3571
3581	**3583**	3593	3607	3613
3617	3623	3631	3637	3643
3659	**3671**	**3673**	3677	3691
3697	3701	3709	3719	

18. primtalsmønster

			3719	3727
3733	3739	3761	**3767**	**3769**

3779	3793	3797	3803	**3821**
3823	3833	3847	**3851**	**3853**
3863	3877	3881	3889	3907
3911	**3917**	**3919**	3923	**3929**
3931	3943	3947	3967	3989
4001	**4003**	4007	4013	**4019**
4021	4027	**4049**	**4051**	4057
4073	4079	**4091**	**4093**	4099
4111	**4127**	**4129**	4133	4139
4153	**4157**	**4159**	4177	4201
4211	**4217**	**4219**	**4229**	**4231**
4241	**4243**	4253	**4259**	**4261**
4271	**4273**	4283	4289	4297
4327	**4337**	**4339**	4349	4357
4363	4373	4391	4397	4409
4421	**4423**	4441	4447	4451
4457	4463	**4481**	**4483**	

19. primtalsmønster

			4483	4493
4507	4513	**4517**	**4519**	4523
4547	**4549**	4561	4567	4583
4591	4597	4603	4621	**4637**
4639	4643	**4649**	**4651**	4657
4663	4673	4679	4691	4703
4721	**4723**	4729	4733	4751
4759	4783	**4787**	**4789**	4793
4799	**4801**	4813	4817	4831
4861	4871	4877	4889	4903
4909	4919	**4931**	**4933**	4937
4943	4951	4957	**4967**	**4969**
4973	4987	4993	4999	5003
5009	**5011**	**5021**	**5023**	5039

20. primtalsmønster

				5039
5051	5059	5077	5081	5087
5099	**5101**	5107	5113	5119
5147	5153	5167	5171	5179

5189	5197	5209	5227	**5231**
5233	5237	5261	5273	**5279**
5281	5297	5303	5309	5323

21. primtalsmønster

				5323
5333	5347	5351	5381	5387
5393	5399	5407	5413	**5417**
5419	5431	5437	**5441**	**5443**
5449	5471	**5477**	**5479**	5483
5501	**5503**	5507	**5519**	**5521**
5527	5531	5557	5563	5569
5573	5581	5591	5623	**5639**
5641	5647	**5651**	**5653**	**5657**
5659	5669	5683	5689	5693
5701	5711	5717	5737	**5741**
5743	5749	5779	5783	5791
5801	5807	5813	5821	5827
5839	5843	**5849**	**5851**	5857
5861	**5867**	**5869**	**5879**	**5881**
5897	5903	5923	5927	5939
5953	5981	5987	6007	6011
6029	6037	6043	6047	6053
6067	6073	6079	**6089**	**6091**
6101	6113	6121	**6131**	**6133**
6143	6151	6163	6173	**6197**
6199	6203	6211	6217	6221
6229				

22. primtalsmønster

6229	6247	6257	6263	**6269**
6271	6277	6287	**6299**	**6301**
6311	6317	6323	6329	6337
6343	6353	**6359**	**6361**	6367
6373	6379	6389	6397	6421
6427	**6449**	**6451**	6469	6473
6481	6491	6521	6529	6547
6551	**6553**	6563	**6569**	**6571**

6577	6581	6599	6607	6619
6637	6653	**6659**	**6661**	6673
6679	**6689**	**6691**	**6701**	**6703**
6709	6719	6733	6737	**6761**
6763	**6779**	**6781**	**6791**	**6793**
6803	6823	**6827**	**6829**	6833
6841	6857	6863	**6869**	**6871**
6883				

23. primtalsmønster

6883	6899	6907	6911	6917
6947	**6949**	**6959**	**6961**	6967
6971	6977	6983	6991	6997
7001	7013	7019	7027	7039
7043	7057	7069	7079	7103
7109	7121	**7127**	**7129**	7151
7159	7177	7187	7193	7207
7211	**7213**	7219	7229	7237
7243	7247	7253	7283	7297
7307	**7309**	7321	**7331**	**7333**
7349	**7351**	7369	7393	7411
7417	7433	7451	**7457**	**7459**
7477	7481	**7487**	**7489**	7499
7507	7517	7523	7529	7537
7541	**7547**	**7549**	**7559**	**7561**
7573	7577	7583	**7589**	**7591**
7603	7607	7621	7639	7643
7649	7669	7673	7681	7687
7691	7699	7703	7717	7723
7727	7741	7753	**7757**	**7759**
7789	7793	7817	7823	7829
7841	7853	7867	7873	**7877**
7879	7883	7901	7907	7919

24. primtalsmønster

				7919
7927	7933	7937	**7949**	**7951**
7963	7993	**8009**	**8011**	8017
8039	8053	8059	8069	8081

8087	**8089**	8093	8101	8111
8117	8123	8147	8161	8167
8171	8179	8191	8209	**8219**
8221	**8231**	**8233**	8237	8243
8263	8269	8273	8287	**8291**
8293	8297	8311	8317	8329
8353	8363	8369	8377	**8387**
8389	8419	8423	**8429**	**8431**
8443	8447	8461	8467	8501
8513	8521	8527	**8537**	**8539**
8543	8563	8573	8581	**8597**
8599	8609	8623	**8627**	**8629**
8641	8647	8663	8669	8677
8681	8689	8693	8699	8707
8713	8719	8731	8737	8741
8747	8753	8761	8779	8783
8803	8807	**8819**	**8821**	8831
8837	**8839**	8849	**8861**	**8863**
8867	8887	8893	8923	8929
8933	8941	8951	8963	**8969**
8971	**8999**	**9001**	9007	**9011**
9013	9029	**9041**	**9043**	9049
9059	9067	9091	9103	9109
9127	9133	9137	9151	9157
9161	9173	9181	9187	9199
9203	9209	9221	9227	**9239**
9241	9257	9277	**9281**	**9283**
9293	9311	9319	9323	9337
9341	**9343**	9349	9371	9377
9391	9397	9403		

25. primtalsmønster

		9403	9413	**9419**
9421	**9431**	**9433**	**9437**	**9439**
9461	**9463**	9467	9473	9479
9491	9497	9511	9521	9533
9539	9547	9551	9587	9601
9613	9619	9623	**9629**	**9631**
9643	9649	9661	**9677**	**9679**
9689	9697	**9719**	**9721**	9733
9739	9743	9749	**9767**	**9769**

9781	9787	9791	9803	9811
9817	9829	9833	9839	9851
9857	**9859**	9871	9883	9887
9901	9907	9923	**9929**	**9931**
9941	9949	9967	9973	**10007**
10009	**10037**	**10039**	10061	**10067**
10069	10079	**10091**	**10093**	10099
10103	10111	10133	**10139**	**10141**
10151	10159	10163	10169	10177
10181	10193			

26. primtalsmønster

	10193	10211	10223	10243
10247	10253	10259	10267	**10271**
10273	10289	**10301**	**10303**	10313
10321	**10331**	**10333**	10337	10343
10357	10369	10391	10399	**10427**
10429	10433	10453	**10457**	**10459**
10463	10477	10487	**10499**	**10501**
10513	**10529**	**10531**	10559	10567
10589	10597	10601	10607	

27. primtalsmønster

			10607	10613
10627	10631	10639	10651	10657
10663	10667	10687	10691	**10709**
10711	10723	10729	10733	10739
10753	10771	10781	10789	10799
10831	10837	10847	10853	**10859**
10861	10867	10883	**10889**	**10891**
10903	10909	**10937**	**10939**	10949
10957	10973	10979	10987	10993
11003	11027	11047	**11057**	**11059**
11069	**11071**	11083	11087	11093
11113	**11117**	**11119**	11131	11149
11159	**11161**	**11171**	**11173**	11177
11197	11213	11239	11243	11251
11257	11261	11273	11279	11287
11299	11311	11317	11321	11329

11351	**11353**	11369	11383	11393
11399	11411	11423	11437	11443
11447				

28. primtalsmønster

11447	11467	11471	11483	**11489**
11491	11497	11503	11519	11527
11549	**11551**	11579	11587	11593
11597	11617	11621	11633	11657
11677	11681	11689	**11699**	**11701**
11717	**11719**	11731	11743	**11777**
11779	11783	11789	11801	11807
11813	11821	11827	**11831**	**11833**
11839	11863	11867		

29. primtalsmønster

		11867	11887	11897
11903	11909	11923	11927	11933
11939	**11941**	11953	11959	**11969**
11971	11981	11987	12007	12011
12037	**12041**	**12043**	12049	**12071**
12073	12097	12101	**12107**	**12109**
12113	12119	12143	12149	12157
12161	**12163**	12197	12203	12211
12227	**12239**	**12241**	**12251**	**12253**
12263	12269	12277	12281	12289
12301	12323	12329	12343	12347
12373	**12377**	**12379**	12391	12401
12409	12413	12421	12433	12437
12451	12457	12473	12479	12487
12491	12497	12503	12511	12517
12527	**12539**	**12541**	12547	12553
12569	12577	12583	12589	12601
12611	**12613**	12619	12637	12641
12647	12653	12659	12671	12689
12697	12703	12713	12721	12739
12743	12757	12763		

30. primtalsmønster

		12763	12781	12791
12799	12809	**12821**	**12823**	12829
12841	12853	12889	12893	12899
12907	12911	**12917**	**12919**	12923
12941	12953	12959	12967	12973
12979	12983	**13001**	**13003**	**13007**
13009	13033	13037	13043	13049
13063	13093	13099	13103	13109
13121	13127	13147	13151	13159
13163	13171	13177	13183	13187
13217	**13219**	13229	13241	13249
13259	13267	13291	13297	13309
13313	13327	13331	**13337**	**13339**
13367	13381	**13397**	**13399**	13411
13417	13421	13441	13451	13457
13463	13469	13477	13487	13499
13513	13523	13537	13553	13567
13577	13591	13597	13613	13619
13627	13633	13649	13669	**13679**
13681	13687	**13691**	**13693**	13697
13709	**13711**	**13721**	**13723**	13729
13751	**13757**	**13759**	13763	13781
13789	13799	13807	**13829**	**13831**
13841	13859	13873	**13877**	**13879**
13883	**13901**	**13903**	13907	13913
13921	**13931**	**13933**	13963	13967
13997	**13999**	**14009**	**14011**	14029
14033	14051	14057	14071	**14081**
14083	14087	14107	14143	14149
14153	14159	14173	14177	14197
14207	14221	14243	**14249**	**14251**
14281	14293	14303	**14321**	**14323**
14327	14341	14347	14369	**14387**
14389	14401	14407	14411	14419
14423	14431	14437	**14447**	**14449**
14461	14479	14489	14503	14519
14533	14537	14543	**14549**	**14551**
14557	**14561**	**14563**	**14591**	**14593**
14621	**14627**	**14629**	14633	14639
14653	14657	14669	14683	14699
14713	14717	14723	14731	14737

14741	14747	14753	14759	14767
14771	14779	14783	14797	14813
14821	14827	14831	14843	14851
14867	**14869**	14879	14887	14891
14897	14923	14929	14939	14947
14951	14957	14969	14983	15013
15017	15031	15053	15061	15073
15077	15083	15091	15101	15107
15121	15131	**15137**	**15139**	15149
15161	15173	15187	15193	15199
15217	15227	15233	15241	15259
15263	**15269**	**15271**	15277	**15287**
15289	15299	15307	15313	15319
15329	**15331**	15349	**15359**	**15361**
15373	15377	15383	15391	15401
15413	15427	15439	15443	15451
15461	15467	15473	15493	15497
15511	15527	15541	15551	15559
15569	**15581**	**15583**	15601	15607
15619	15629	**15641**	**15643**	**15647**
15649	15661	15667	15671	15679
15683	15727	**15731**	**15733**	**15737**
15739	15749	15761	15767	15773
15787	15791	15797	15803	15809
15817	15823	15859	15877	15881
15887	**15889**	15901	15907	15913
15919	15923	15937	15959	**15971**
15973	15991	16001	16007	16033
16057	**16061**	**16063**	**16067**	**16069**
16073	16087	16091	16097	16103
16111	16127			

31. primtalsmønster

	16127	**16139**	**16141**	16183
16187	**16189**	16193	16217	16223
16229	**16231**	16249	16253	16267
16273	16301	16319	16333	16339
16349	**16361**	**16363**	16369	16381
16411	16417	16421	16427	16433
16447	**16451**	**16453**	16477	16481
16487	16493	16519	16529	16547

16553	16561	16567	16573	16603
16607	16619	**16631**	**16633**	**16649**
16651	16657	16661	16673	**16691**
16693	16699	16703	16729	16741
16747	16759	16763	16787	16811
16823	**16829**	**16831**	16843	16871
16879	16883	16889	**16901**	**16903**
16921	16927	16931	16937	16943
16963	**16979**	**16981**	16987	16993
17011	17021	**17027**	**17029**	17033
17041	17047	17053	17077	17093
17099	17107	17117	17123	17137
17159				

32. primtalsmønster

17159	17167	17183	**17189**	**17191**
17203	**17207**	**17209**	17231	17239
17257	**17291**	**17293**	17299	17317
17321	17327	17333	17341	17351
17359	17377	17383	**17387**	**17389**
17393	17401	**17417**	**17419**	17431
17443	17449	17467	17471	17477
17483	**17489**	**17491**	17497	17509
17519	17539	17551	17569	17573
17579	**17581**	**17597**	**17599**	17609
17623	17627	**17657**	**17659**	17669
17681	**17683**	17707	17713	17729
17737	**17747**	**17749**	17761	17783
17789	**17791**	17807	17827	**17837**
17839	17851	17863	17881	17891
17903	**17909**	**17911**	**17921**	**17923**
17929	17939	**17957**	**17959**	17971
17977	17981	**17987**	**17989**	18013
18041	**18043**	**18047**	**18049**	**18059**
18061	18077	18089	18097	**18119**
18121	18127	**18131**	**18133**	18143
18149	18169	18181	18191	18199
18211	18217	18223	18229	18233
18251	**18253**	18257	18269	**18287**
18289	18301	18307	**18311**	**18313**
18329	18341	18353	18367	18371

18379	18397	18401	18413	18427
18433	18439	18443	18451	18457
18461	18481	18493	18503	18517
18521	**18523**	**18539**	**18541**	18553
18583	18587	18593	18617	18637
18661	18671	18679	18691	18701
18713	18719	18731	18743	18749
18757				

33. primtalsmønster

18757	18773	18787	18793	18797
18803	18839	18859	18869	18899
18911	**18913**	**18917**	**18919**	18947
18959	18973	18979	19001	19009
19013	19031	19037	19051	19069
19073	**19079**	**19081**	19087	19121
19139	**19141**	19157	19163	**19181**
19183	19207	**19211**	**19213**	19219
19231	19237	19249	19259	19267
19273	19289	19301	19309	19319

34. primtalsmønster

				19319
19333	19373	**19379**	**19381**	19387
19391	19403	19417	**19421**	**19423**
19427	**19429**	19433	19441	19447
19457	19463	**19469**	**19471**	19477
19483	19489	19501	19507	19531
19541	**19543**	19553	19559	19571
19577	19583	19597	19603	19609
19661	19681	19687	**19697**	**19699**
19709	19717	19727	19739	**19751**
19753	19759	19763	19777	19793
19801	19813	19819	**19841**	**19843**
19853	19861	19867	**19889**	**19891**
19913	19919	19927	19937	19949
19961	**19963**	19973	19979	**19991**
19993	19997	20011	**20021**	**20023**
20029	20047	20051	20063	20071

20089	20101	20107	20113	20117
20123	20129	20143	**20147**	**20149**
20161	20173	20177	20183	20201
20219	**20231**	**20233**	20249	20261
20269	20287	20297	20323	20327
20333	20341	20347	20353	**20357**
20359	20369	20389	20393	20399
20407	20411	20431	**20441**	**20443**
20477	**20479**	20483	**20507**	**20509**
20521	20533	20543	**20549**	**20551**
20563	20593	20599	20611	20627
20639	**20641**	20663	20681	20693
20707	**20717**	**20719**	20731	20743
20747	**20749**	20753	20759	**20771**
20773	20789	**20807**	**20809**	20849
20857	20873	20879	20887	**20897**
20899	20903	20921	20929	20939
20947	20959	20963	**20981**	**20983**
21001	**21011**	**21013**	**21017**	**21019**
21023	21031	**21059**	**21061**	21067
21089	21101	21107	21121	21139
21143	21149	21157	21163	21169
21179	21187	**21191**	**21193**	21211
21221	21227	21247	21269	21277
21283	21313	**21317**	**21319**	21323
21341	21347	**21377**	**21379**	21383
21391	21397	21401	21407	21419
21433	21467	21481	21487	**21491**
21493	21499	21503	21517	**21521**
21523	21529	**21557**	**21559**	21563
21569	21577	**21587**	**21589**	**21599**
21601	**21611**	**21613**	21617	**21647**
21649	21661	21673	21683	21701
21713	21727	**21737**	**21739**	21751
21757	21767	21773	21787	21799
21803	21817	21821	**21839**	**21841**
21851	21859	21863	21871	21881
21893	21911	21929	21937	21943
21961	21977	21991	21997	22003
22013	22027	22031	**22037**	**22039**
22051	22063	22067	22073	22079
22091	**22093**	**22109**	**22111**	22123
22129	22133	22147	22153	**22157**

| **22159** | 22171 | 22189 | 22193 |

35. primtal

			22193	22229
22247	22259	**22271**	**22273**	**22277**
22279	22283	22291	22303	22307
22343	22349	**22367**	**22369**	22381
22391	22397	22409	22433	22441
22447	22453	22469	**22481**	**22483**
22501	22511	22531	**22541**	**22543**
22549	22567	**22571**	**22573**	22613
22619	**22621**	**22637**	**22639**	22643
22651	22669	22679	22691	**22697**
22699	22709	22717	22721	22727
22739	**22741**	22751	22769	22777
22783	22787			

36. primtal

	22787	22807	22811	22817
22853	**22859**	**22861**	22871	22877
22901	22907	22921	22937	22943
22961	**22963**	22973	22993	23003
23011	23017	23021	**23027**	**23029**
23039	**23041**	23053	**23057**	**23059**
23063	23071	23081	23087	23099
23117	23131	23143	23159	23167
23173	23189	23197	**23201**	**23203**
23209	23227	23251	23269	23279
23291	**23293**	23297	23311	23321
23327	23333	23339	23357	**23369**
23371	23399	23417	23431	23447
23459	23473	23497	23509	23531
23537	**23539**	23549	23557	**23561**
23563	23567	23581	23593	23599
23603	23609	23623	**23627**	**23629**
23633	23663	**23669**	**23671**	23677
23687	**23689**	23719	**23741**	**23743**
23747	23753	23761	23767	23773
23789	23801	23813	23819	23827

23831	**23833**	23857	23869	23873
23879	23887	23893	23899	**23909**
23911	23917	23929	23957	23971
23977	23981	23993	24001	24007
24019	24023	24029	24043	24049
24061	24071	24077	24083	24091
24097	24103	**24107**	**24109**	24113
24121	24133	24137	24151	24169
24179	**24181**	24197	24203	24223
24229	24239	24247	24251	24281
24317	24329	24337	24359	**24371**
24373	24379	24391	24407	24413
24419	**24421**	24439	24443	24469
24473	24481	24499	24509	24517
24527	24533	24547	24551	24571
24593	24611	24623	24631	

37. primtal

			24631	24659
24671	24677	24683	24691	24697
24709	24733	24749	24763	24767
24781	24793	24799	24809	24821
24841	24847	24851	24859	24877
24889	24907	**24917**	**24919**	24923
24943	24953	24967	24971	**24977**
24979	24989	25013	**25031**	**25033**
25037	25057	25073	25087	25097
25111	25117	25121	25127	25147
25153	25163	**25169**	**25171**	25183
25189	25219	25229	25237	25243
24247	25253	25261	**25301**	**25303**
25307	**25309**	25321	25339	25343
25349	25357	25367	25373	25391
25409	**25411**	25423	25439	25447
25453	25457	25463	**25469**	**25471**
25523	25537	25541	25561	**25577**
25579	25583	25589	**25601**	**25603**
25609	25621	25633	25639	25643
25657	25667	25673	25679	25693
25703	25717	25733	25741	25747
25759	25763	25771	25793	**25799**

25801	25819	25841	**25847**	**25849**
25867	25873	25889	25903	25913
25919	**25931**	**25933**	25939	25943
25951	25969	25981	**25997**	**25999**
26003	26017	26021	26029	26041
26053	26083	26099	26107	**26111**
26113	26119	26141	26153	26161
26171	26177	26183	26189	26203
26209	26227	26237	**26249**	**26251**
26261	**26263**	26267	26293	26297
26309	26317	26321	26339	26347
26357	26371	26387	26393	26399
26407	26417	26423	26431	26437
26449	26459	26479	26489	26497
26501	26513	26539	26557	26561

38. primtal

				26561
26573	26591	26597	26627	26633
26641	26647	26669	**26681**	**26683**
26687	26693	**26699**	**26701**	**26711**
26713	26717	26723	**26729**	**26731**
26737	26759	26777	26783	26801
26813	26821	26833	26839	26849
26861	**26863**	**26879**	**26881**	**26891**
26893	26903	26921	26927	26947
26951	**26953**	26959	26981	26987
26993	27011	27017	27031	27043
27059	**27061**	27067	27073	27077
27091	27103	**27107**	**27109**	27127
27143	27179	27191	27197	27211
27239	**27241**	27253	27259	27271
27277	**27281**	**27283**	27299	27329
27337	27361	27367	27397	**27407**
27409	27427	27431	27437	27449
27457	**27479**	**27481**	27487	27509
27527	**27529**	**27539**	**27541**	27551
27581	**27583**	27611	27617	27631
27647	27653	27673	**27689**	**27691**
27697	27701	27733	**27737**	**27739**
27743	**27749**	**27751**	27763	27767

| | | 27773 | 27779 | **27791** | **27793** | 27799 |

	27773	27779	**27791**	**27793**	27799
27803	27809	27817	27823	27827
27847	27851	27883		

39. primtal

		27883	27893	27901
27917	**27919**	**27941**	**27943**	27947
27953	27961	27967	27983	27997
28001	28019	28027	28031	28051
28057	28069	28081	28087	**28097**
28099	**28109**	**28111**	28123	28151
28163	**28181**	**28183**	28201	28211
28219	28229	**28277**	**28279**	28283
28289	28297	**28307**	**28309**	28319
28349	**28351**	28387	28393	28403
28409	**28411**	28429	28433	28439
28447	28463	28477	28493	28499
28513	28517	28537	28541	**28547**
28549	28559	**28571**	**28573**	28579
28591	28597	28603	28607	**28619**
28621	28627	28631	28643	28649
28657	**28661**	**28663**	28669	28687
28697	28703	28711	28723	28729
28751	**28753**	28759	28771	28789
28793	28807	28813	28817	28837
28843	28859	28867	28871	28879
28901	28909	28921	28927	28933
28949	28961	28979	29009	29017
29021	**29023**	29027	29033	29059
29063	29077	29101	29123	**29129**
29131	29137	29147	29153	29167
29173	29179	29191	29201	**29207**
29209	29221	29231	29243	29251
29269	29287	29297	29303	29311
29327	29333	29339	29347	29363
29383	**29387**	**29389**	**29399**	**29401**
29411	29423	29429	29437	29443
29453	29473	29483	29501	29527
29531	29537	**29567**	**29569**	29573
29581	29587	29599	29611	29629
29633	29641	29663	**29669**	**29671**

29683	29717	29723	29741	29753
29759	**29761**	29789	29803	29819
29833	29837	29851	29863	29867
29873	**29879**	**29881**	29917	29921
29927				

40. primtal

29927	29947	29959	29983	29989
30011	**30013**	30029	30047	30059
30071	**30089**	**30091**	30097	30103
30109	30113	30119	30133	**30137**
30139	30161	30169	30181	30187
30197	30203	30211	30223	30241
30253	30259	**30269**	**30271**	30293
30307	30313	30319	30323	30341
30347	30367	**30389**	**30391**	30403
30427	30431	30449	**30467**	**30469**
30491	**30493**	30497	30509	30517
30529	30539	30553	**30557**	**30559**
30577	30593	30631	30637	30643
30649	30661	30671	30677	30689
30697	30703	30707	30713	30727
30757	30763	30773	30781	30803
30809	30817	30829	**30839**	**30841**
30851	**30853**	30859	**30869**	**30871**
30881	30893	30911	30931	30937
30941	30949	30971	30977	30983
31013	31019	31033	31039	31051
31063	31069	**31079**	**31081**	31091
31121	**31123**	31139	31147	**31151**
31153	31159	31177	**31181**	**31183**
31189	31193	31219	31223	31231
31237	**31247**	**31249**	31253	31259
31267	31271	31277	31307	**31319**
31321	31327	31333	31337	31357
31379	31387	**31391**	**31393**	31397
31469	31477	31481	31489	**31511**
31513	31517	31531	**31541**	**31543**
31547	31567	31573	31583	31601
31607	31627	31643	31649	31657
31663	31667	31687	31699	**31721**

31723	**31727**	**31729**	31741	31751
31769	**31771**	31793	31799	31817
31847	**31849**	31859	31873	31883
31891	31907	31957	31963	31973
31981	31991	32003	32009	**32027**
32029				

41. primtal

32029	32051	**32057**	**32059**	32063
32069	32077	32083	32089	32099
32117	**32119**	**32141**	**32143**	32159
32173	32183	**32189**	**32191**	32203
32213	32233	32237	32251	32257
32261	**32297**	**32299**	32303	32309
32321	**32323**	32327	32341	32353
32359	32363	**32369**	**32371**	32377
32381	32401	**32411**	**32413**	32423
32429	**32441**	**32443**	32467	32479
32491	32497	32503	32507	**32531**
32533	32537	**32561**	**32563**	32569
32573	32579	32587	32603	**32609**
32611	32621	32633	32647	32653
32687	32693	32707	32713	**32717**
32719	32749			

42. primtal

	32749	32771	32779	32783
32789	32797	**32801**	**32803**	**32831**
32833	32839	32843	32869	32887
32909	**32911**	32917	32933	**32939**
32941	32957	**32969**	**32971**	32983
32987	32993	32999	33013	33023
33029	33037	33049	33053	**33071**
33073	33083	33091	33107	33113
33119	**33149**	**33151**	33161	**33179**
33181	33191	33199	33203	33211
33223	33247	**33287**	**33289**	33301
33311	33317	**33329**	**33331**	33343
33347	**33349**	33353	33359	33377

33391	33403	33409	33413	33427
33457	33461	33469	33479	33487
33493	33503	33521	33529	33533
33547	33563	33569	33577	33581
33587	**33589**	**33599**	**33601**	33613
33617	**33619**	33623	33629	33637
33641	33647	33679	33703	33713
33721	33739	**33749**	**33751**	33757
33767	**33769**	33773	33791	33797
33809	**33811**	**33827**	**33829**	33851
33857	33863	33871	33889	33893
33911	33923	33931	33937	33941
33961	33967	33997	34019	**34031**
34033	34039	34057	34061	34123
34127	**34129**	34141	34147	**34157**
34159	34171	34183	**34211**	**34213**
34217	34231	34253	**34259**	**34261**
34267	34273	34283	34297	**34301**
34303	34313	34319	34327	34337
34351	34361	**34367**	**34369**	34381
34403	34421	34429	34439	34457
34469	**34471**	34483	34487	**34499**
34501	**34511**	**34513**	34519	34537
34543	34549	34583	**34589**	**34591**
34603	34607	34613	34631	**34649**
34651	34667	34673	34679	34687
34693	34703	34721	34729	34739
34747	**34757**	**34759**	34763	34781
34807	34819	**34841**	**34843**	**34847**
34849	34871	34877	34883	34897
34913	34919	34939	34949	**34961**
34963	34981	35023	35027	**35051**
35053	35059	35069	**35081**	**35083**
35089	35099	35107	35111	35117
35129	35141	35149	35153	35159
35171	35201	35221	35227	35251
35257	35267	**35279**	**35281**	35291
35311	35317	35323	35327	35339
35353	35363	35381	35393	35401
35407	35419	35423	35437	**35447**
35449	35461	35491	**35507**	**35509**
35521	35527	**35531**	**35533**	35537
35543	35569	35573	**35591**	**35593**

35597	35603	35617	35671	35677
35729	**35731**	35747	35753	35759
35771	35797	**35801**	**35803**	35809
35831	**35837**	**35839**	35851	35863
35869	35879	**35897**	**35899**	35911
35923	35933	35951	35963	35969
35977	35983	35993	35999	36007
36011	**36013**	36017	36037	36061
36067	36073	36083	36097	**36107**
36109	36131	36137	36151	36161
36187	36191	36209	36217	36229
36241	36251	36263	36269	36277
36293	36299	36307	36313	36319
36341	**36343**	36353	36373	36383
36389	36433	36451	36457	**36467**
36469	36473	36479		

43. primtal

		36479	36493	36497
36523	**36527**	**36529**	36541	36551
36559	36563	36571	36583	36587
36599	36607	36629	36637	36643
36653	36671	36677	36683	36691
36697	36709	36713	36721	36739
36749	36761	36767	**36779**	**36781**
36787	**36791**	**36793**	36809	36821
36833	36847	36857	36871	36877
36887	**36899**	**36901**	36913	36919
36923	**36929**	**36931**	36943	36947
36973	36979	36997	37003	37013
37019	**37021**	37039	37049	37057
37061	37087	37097	37117	37123
37139	37159	37171	37181	37189
37199	**37201**	37217	37223	37243

44. primtal

				37243
37253	37273	37277	**37307**	**37309**
37313	37321	**37337**	**37339**	37357

37361	**37363**	37369	37379	37397
37409	37423	37441	37447	37463
37483	37489	37493	37501	37507
37511	37517	37529	37537	**37547**
37549	37561	37567	**37571**	**37573**
37579	**37589**	**37591**	37607	37619
37633	37643	37649	37657	37663
37691	**37693**	37699	37717	37747
37781	**37783**	37799	**37811**	**37813**
37831	37847	37853	37861	37871
37879	37889	37897	37907	37951
37957	37963	37967	37987	**37991**
37993	37997	38011	38039	38047
38053	38069	38083	38113	38119
38149	38153	38167	38177	38183
38189	38197	38201	38219	38231
38237	**38239**	38261	38273	38281
38287	38299	38303	38317	38321
38327	**38329**	38333	38351	38371
38377	38393	38431	**38447**	**38449**
38453	**38459**	**38461**	38501	38543
38557	38561	**38567**	**38569**	38593
38603	**38609**	**38611**	38629	38639
38651	**38653**	**38669**	**38671**	38677
38693	38699	38707	**38711**	**38713**
38723	38729	38737	**38747**	**38749**
38767	38783	38791	38803	

45. primtal

			38803	38821
38833	38839	38851	38861	38867
38873	38891	38903	38917	**38921**
38923	38933	38953	38959	38971
38977	38993	39019	39023	**39041**
39043	39047	39079	39089	39097
39103	39107	39113	39119	39133
39139	39157	**39161**	**39163**	39181
39191	39199	39209	39217	**39227**
39229	39233	**39239**	**39241**	39251
39293	39301	39313	39317	39323
39341	**39343**	39359	39367	**39371**

			39581	39607
39373	39383	39397	39409	39419
39439	39443	39451	39461	39499
39503	**39509**	**39511**	39521	39541
39551	39563	39569	39581	

46. primtal

			39581	39607
39619	39623	39631	39659	39667
39671	39679	39703	39709	39719
39727	39733	39749	39761	39769
39779	39791	39799	39821	**39827**
39829	**39839**	**39841**	39847	39857
39863	39869	39877	39883	39887
39901	39929	39937	39953	39971
39979	39983	39989	40009	40013
40031	**40037**	**40039**	40063	40087
40093	40099	40111	40123	**40127**
40129	**40151**	**40153**	40163	40169
40177	40189	40193	40213	40231
40237	40241	40253	40277	40283
40289	40343	40351	40357	40361
40387	40423	**40427**	**40429**	40433
40459	40471	40483	40487	40493
40499	40507	40519	**40529**	**40531**
40543	40559	40577	40583	40591
40597	40609	40627	**40637**	**40639**
40693	**40697**	**40699**	40709	40739
49751	40759	40763	40771	40787
40801	40813	40819	40823	40829
40841	**40847**	**40849**	40853	40867
40879	40883	40897	40903	40927
40933	40939	40949	40961	40973
40993	41011	41017	41023	41039
41047	41051	41057	41077	41081
41113	41117	41131	**41141**	**41143**
41149	41161	**41177**	**41179**	41183
41189	**41201**	**41203**	41213	41221
41227	**41231**	**41233**	41243	41257
41263	41269	41281	41299	41333
41341	41351	41357	41381	**41387**
41389	41399	**41411**	**41413**	41443

41453	41467	41479	41491	41507
41513	**41519**	**41521**	41539	41543
41549	41579	41593	41597	41603
41609	**41611**	41617	41621	41627
41641	41647	41651	41659	41669
41681	41687	41719	41729	41737
41759	**41761**	41771	41777	41801
41809	41813	41843	**41849**	**41851**
41863	41879	41887	41893	41897
41903	41911	41927	41941	41947
41953	**41957**	**41959**	41969	**41981**
41983	41999	42013	**42017**	**42019**
42023	42043	42061	**42071**	**42073**
42083	42089	42101	42131	42139
42157	42169	**42179**	**42181**	42187
42193	42197	42209	**42221**	**42223**
42227	42239	42257	**42281**	**42283**
42293	42299	42307	42323	42331
42337	42349	42359	42373	42379
42391	42397	42403	**42407**	**42409**
42433	42437	42443	42451	42457
42461	**42463**	42467	42473	42487
42491	42499	42509	42533	42557
42569	**42571**	42577	42589	42611
42641	**42643**	42649	42667	42677
42683	42689	42697	**42701**	**42703**
42709	42719	42727	42737	42743
42751	42767	42773	42787	42793
42797	42821	42829	**42839**	**42841**
42853	42859	42863	**42899**	**42901**
42923	42929	42937	42943	42953
42961	42967	42979	42989	43003
43013	43019	43037	**43049**	**43051**
43063	43067	43093	43103	43117
43133	43151	43159	43177	43189
43201	43207	43223	43237	43261
43271	43283	43291	43313	**43319**
43321	43331	43391	**43397**	**43399**
43403	43411	43427	43441	43451
43457	43481	43487	43499	43517
43541	**43543**	43573	**43577**	**43579**
43591	43597	**43607**	**43609**	43613
43627	43633	**43649**	**43651**	43661

43669	43691	43711	43717	43721
43753	43759	43777	**43781**	**43783**
43787	**43789**	43793	43801	43853
43867	**43889**	**43891**	43913	43933
43943	43951	**43961**	**43963**	43969
43973	43987	43991	43997	44017
44021	**44027**	**44029**	44041	44053
44059	44071	**44087**	**44089**	44101
44111	44119	44123	**44129**	**44131**
44159	44171	44179	44189	**44201**
44203	44207	44221	44249	44257
44263	**44267**	**44269**	44273	**44279**
44281	44293	44351	44357	44371
44381	**44383**	44389	44417	44449
44453	44483	44491	44497	44501
44507	44519			

47. primtal

	44519	**44531**	**44533**	44537
44543	44549	44563	44579	44587
44617	**44621**	**44623**	44633	44641
44647	44651	44657	44683	44687
44699	**44701**	44711	44729	44741
44753	**44771**	**44773**	44777	44789
44797	44809	44819	44839	44843
44851	44867	44879	44887	44893
44909	44917	44927	44939	44953
44959	44963	44971	44983	44987
45007	45013	45053	45061	45077
45083	**45119**	**45121**	45127	45131
45137	**45139**	45161	**45179**	**45181**
45191	45197	45233	45247	45259
45263	45281	45289	45293	45307
45317	**45319**	45329	45337	**45341**
45343	45361	45377	45389	45403
45413	45427	45433	45439	45481
45491	45497	45503	45523	45533
45541	45553	45557	45569	**45587**
45589	45599	45613	45631	45641
45659	45667	45673	45677	45691
45697	45707	45737	45751	45757

45763	45767	45779	45817	**45821**
45823	45827	45833	45841	45853
45863	45869	45887	45893	45943
45949	45953	45959	45971	45979
45989	46021	46027	**46049**	**46051**
46061	46073	**46091**	**46093**	46099
46103	46133	46141	46147	46153
46171	**46181**	**46183**	46187	46199
46219	46229	46237	46261	**46271**
46273	46279	46301	**46307**	**46309**
46327	46337	**46349**	**46351**	46381
46399	46411	**46439**	**46441**	46447
46451	46457	46471	46477	46489
46499	46507	46511	46523	46549
46559	46567	46573	**46589**	**46591**
46601	46619	46633	46639	46643
46649	46663	**46679**	**46681**	46687
46691	46703	46723	46727	46747
46751	46757	**46769**	**46771**	46807
46811	**46817**	**46819**	**46829**	**46831**
46853	46861	46867	46877	46889
46901	46919	46933	46957	46993
46997	47017	47041	47051	**47057**
47059	47087	47093	47111	47119
47123	47129	47137	47143	**47147**
47149	47161	47189	47207	47221
47237	47251	47269	47279	47287
47293	47297	47303	47309	47317
47339	**47351**	**47353**	47363	47381
47387	**47389**	47407	**47417**	**47419**
47431	47441	47459	47491	47497
47501	47507	47513	47521	47527
47533	47543	47563	47569	47581
47591	47599	47609	47623	47629
47639	47653	**47657**	**47659**	47681
47699	**47701**	**47711**	**47713**	47717
47737	**47741**	**47743**	**47777**	**47779**
47791	47797	**47807**	**47809**	47819
47837	47843	47857	47869	47881
47903	47911	47917	47933	47939
47947	47951	47963	47969	47977
47981	48017	48023	48029	48049
48073	48079	48091	48109	**48119**

48121	48131	48157	48163	48179
48187	48193	48197	48221	48239
48247	48259	48271	48281	48299
48311	**48313**	48337	48341	48353
48371	48383	48397	**48407**	**48409**
48413	48437	48449	48463	48473
48479	**48481**	48487	48491	48497
48523	48527	48533	**48539**	**48541**
48563	48571	48589	48593	48611
48619	48623	**48647**	**48649**	48661
48673	**48677**	**48679**	**48731**	**48733**
48751	48757	48761	48767	**48779**
48781	48787	48799	48809	48817
48821	**48823**	48847	**48857**	**48859**
48869	**48871**	48883	48889	48907
48947	48953	48973	**48989**	**48991**
49003	49009	49019	**49031**	**49033**
49037	49043	49057	49069	49081
49103	49109	49117	**49121**	**49123**
49139	49157	**49169**	**49171**	49177
49193	**49199**	**49201**	49207	49211
49223	49253	49261	**49277**	**49279**
49297	49307	**49331**	**49333**	49339
49363	**49367**	**49369**	**49391**	**49393**
49409	**49411**	49417	49429	49433
49451	49459	49463	49477	49481
49499	49523	**49529**	**49531**	49537
49547	**49549**	49559	49597	49603
49613	49627	49633	49639	49663
49667	**49669**	49681	49697	49711
49727				

48. primtal

49727	**49739**	**49741**	49747	49757
49783	**49787**	**49789**	49801	49807
49811	49823	49831	49843	49853
49871	49877	49891	**49919**	**49921**
49927	**49937**	**49939**	49943	49957
49991	**49993**	49999	**50021**	**50023**
50033	50047	**50051**	**50053**	50069
50077	50087	50093	50101	50111

50119	50123	**50129**	**50131**	50147
50153	50159	50177	50207	50221
50227	50231	**50261**	**50263**	50273
50287	50291	50311	50321	50329
50333	50341	50359	50363	50377
50383	50387	50411	50417	50423
50441	**50459**	**50461**	50497	50503
50513	50527	50539	50543	**50549**
50551	50581	50587	**50591**	**50593**
50599	50627	50647	50651	50671
50683	50707	50723	50741	50753
50767	50773	50777	50789	50821
50833	50839	50849	50857	50867
50873	**50891**	**50893**	50909	50923
50929	50951	50957	**50969**	**50971**
50989	50993	51001	51031	51043
51047	**51059**	**51061**	51071	51109
51131	**51133**	51137	51151	51157
51169	51193	**51197**	**51199**	51203
51217	51229	**51239**	**51241**	51257
51263	51283	51287	51307	51329
51341	**51343**	**51347**	**51349**	51361
51383	51407	51413	**51419**	**51421**
51427	51431	**51437**	**51439**	51449
51461	51473	**51479**	**51481**	51487
51503	51511	51517	51521	

49. primtal

			51521	51539
51551	51563	51577	51581	51593
51599	51607	51613	51631	51637
51647	51659	51673	51679	51683
51699	51713	**51719**	**51721**	51749
51767	**51769**	51787	51797	51803
51817	**51827**	**51829**	51839	51853
51859	**51869**	**51871**	51893	51899
51907	51913	51929	51941	51949
51971	**51973**	51977	51991	52009
52021	52027	52051	52057	**52067**
52069	52081	52103	52121	52127
52147	52153	52163	52177	**52181**

52183	52189	52201	52223	52237
52249	52253	52259	52267	**52289**
52291	52301	52313	52321	**52361**
52363	52369	52379	52387	52391
52433				

50. primtal

52433	52453	52457	52489	52501
52511	52517	52529	**52541**	**52543**
52553	52561	52567	52571	52579
52583	52609	52627	52631	52639
52667	52673	52691	52697	**52709**
52711	52721	52727	52733	52747
52757	52769	52783	52807	52813
52817	52837	**52859**	**52861**	52879
52883	52889	**52901**	**52903**	52919
52937	52951	52957	52963	52967
52973	52981	52999	53003	53017
53047	53051	53069	53077	**53087**
53089	53093	53101	53113	53117
53129	**53147**	**53149**	53161	**53171**
53173	53189	53197	53201	**53231**
53233	53239	**53267**	**53269**	**53279**
53281	53299	53309	53323	53327
53353	53359	53377	53381	53401
53407	53411	53419	53437	53441
53453	53479	53503	53507	53527
53549	**53551**	53569	**53591**	**53593**
53597	**53609**	**53611**	53617	53623
53629	53633	53639	53653	53657
53681	53693	53699	**53717**	**53719**
53731	53759	53773	53777	53783
53791	53813	53819	53831	53849
53857	53861	53881	53887	53891
53897	**53899**	53917	53923	53927
53939	53951	53959	53987	53993
54001	**54011**	**54013**	54037	54049
54059	54083	54091	54101	54121
54133	54139	54151	54163	54167
54181	54193	54217	54251	54269
54277	54287			

51. primtal

	54287	54293	54311	54319
54323	54331	54347	54361	54367
54371	54377	**54401**	**54403**	54409
54413	**54419**	**54421**	54437	54443
54449	54469	54493	**54497**	**54499**
54503	54517	54521	**54539**	**54541**
54547	54559	54563	54577	**54581**
54583	54601	54617	54623	**54629**
54631	54647	54667	54673	54679
54709	54713	54721	54727	54751
54767	54773	54779	54787	54799
54829	54833	54851	54869	54877
54881	54907	**54917**	**54919**	54941
54949	54959	54973	54979	54983
55001	55009	55021	**55049**	**55051**
55057	55061	55073	55079	55103
55109	55117	55127	55147	55163
55171	55201	55207	55213	**55217**
55219	55229	55243	55249	55259
55291	55313	**55331**	**55333**	**55337**
55339	55343	55351	55373	55381
55399	55411	**55439**	**55441**	55457
55469	55487	55501	55511	55529
55541	55547	55579	55589	55603
55609	**55619**	**55621**	**55631**	**55633**
55639	**55661**	**55663**	55667	55673
55681	55691	55697	55711	55717
55721	55733	55763	55787	55793
55799	55807	55813	**55817**	**55819**
55823	55829	55837	55843	55849
55871	55889	55897	**55901**	**55903**
55921	55927	**55931**	**55933**	55949
55967	55987	55997	56003	56009
56039	**56041**	56053	56081	56087
56093	**56099**	**56101**	56113	56123
56131	56149	56167	56171	56179
56197	**56207**	**56209**	**56237**	**56239**
56249	56263	**56267**	**56269**	56299
56311	56333	56359	56369	56377
56383	56393	56401	56417	56431
56437	56443	56453	56467	56473

56477	56479	56489	56501	56503
56509	56519	56527	56531	56533
56543	56569	56591	56597	56599
56611	56629	56633	56659	56663
56671	56681	56687	56701	56711
56713	56731	56737	56747	56767
56773	56779	56783	56807	56809
56813	56821	56827	56843	56857
56873	56891	56893	56897	56909
56911	56921	56923	56929	56941
56951	56957	56963	56983	56989
56993	56999	57037	57041	57047
57059	57073	57077	57089	57097
57107	57119			

52. primtal

	57119	57131	57139	57143
57149	57163	57173	57179	57191
57193	57203	57221	57223	57241
57251	57259	57269	57271	57283
57287	57301	57329	57331	57347
57349	57367	57373	57383	57389
57397	57413	57427	57457	57467
57487	57493	57503	57527	57529
57557	57559	57571	57587	57593
57601	57637	57641	57649	57653
57667	57679	57689	57697	57709
57713	57719	57727	57731	57737
57751	57773	57781	57787	57791
57793	57803	57809	57829	57839
57847	57853	57859	57881	57899
57901	57917	57923	57943	57947
57973	57977	57991	58013	58027
58031	58043	58049	58057	58061
58067	58073			

53. primtal

| | 58073 | 58099 | 58109 | 58111 |
| 58129 | 58147 | 58151 | 58153 | 58169 |

58171	58189	58193	58199	58207
58211	58217	**58229**	**58231**	58237
58243	58271	58309	58313	58321
58337	58363	**58367**	**58369**	58379
58391	**58393**	58403	58411	58417
58427	**58439**	**58441**	**58451**	**58453**
58477	58481	58511	58537	58543
58549	58567	58573	58579	**58601**
58603	58613	58631	58657	58661
58679	58687	58693	58699	58711
58727	58733	58741	58757	58763
58771	**58787**	**58789**	58831	58889
58897	58901	**58907**	**58909**	58913
58921	58937	58943	58963	58967
58979	58991	58997	**59009**	**59011**
59021	**59023**	59029	**59051**	**59053**
59063	59069	59077	59083	59093
59107	59113	59119	59123	59141
59149	59159	59167	59183	59197
59207	**59209**	**59219**	**59221**	59233
59239	59243	59263	59273	59281
59333	59341	59351	**59357**	**59359**
59369	59377	59387	59393	59399
59407	**59417**	**59419**	**59441**	**59443**
59447	59453	59467	**59471**	**59473**
59497	59509	59513	59539	59557
59561	59567	59581	59611	59617
59621	**59627**	**59629**	59651	59659
59663	**59669**	**59671**	59693	59699
59707	59723	59729	59743	59747
59753	59771	59779	59791	59797
59809	59833	59863	59879	59887
59921	59929	59951	59957	59971
59981	59999	60013	60017	60029
60037	60041	60077	60083	**60089**
60091	**60101**	**60103**	60107	60127
60133	60139	60149	60161	**60167**
60169	60209	60217	60223	60251
60257	**60259**	60271	60289	60293
60317	60331	60337	60343	60353
60373	60383	60397	60413	60427
60443	60449	60457	60493	60497
60509	60521	60527	60539	60589

60601	60607	60611	60617	60623
60631	60637	**60647**	**60649**	**60659**
60661	60679	60689	60703	60719
60727	60733	60737	60757	**60761**
60763	60773	60779	60793	60811
60821	60859	60869	**60887**	**60889**
60899	**60901**	60913	**60917**	**60919**
60923	60937	60943	60953	60961
61001	61007	61027	61031	61043
61051	61057	61091	61099	61121
61129	61141	**61151**	**61153**	61169
61211	61223	61231	61253	61261
61283	61291	61297	**61331**	**61333**
61339	61343	61357	61363	**61379**
61381	61403	61409	61417	61441
61463	**61469**	**61471**	61483	61487
61493	61507	61511	61519	61543
61547	61553	**61559**	**61561**	61583
61603	61609	61613	61627	61631
61637	61643	61651	61657	61667
61673	61681	61687	61703	61717
61723	61729	61751	61757	61781
61813	61819	61837	61843	61861
61871	61879	61909	61927	61933
61949	61961	61967	**61979**	**61981**
61987	61991	62003	62011	62017
62039	62047	62053	62057	62071
62081	62099	62119	**62129**	**62131**
62137	**62141**	**62143**	62171	**62189**
62191	62201	62207	62213	62219
62233	62273	**62297**	**62299**	62303
62311	62323	62327	62347	62351
62383	62401	62417	62423	62459
62467	62473	62477	62483	62497
62501	62507	62533	62539	62549
62563	62581	62591	62597	62603
62617	62627	62633	62639	62653
62659	62683	62687	62701	62723
62731	62743	62753	62761	62773
62791	62801	62819	62827	62851
62861	62869	62873	62897	62903
62921	**62927**	**62929**	62939	**62969**
62971	**62981**	**62983**	**62987**	**62989**

54. primtal

				62989
63029	**63031**	63059	63067	63073
63079	63097	63103	63113	63127
63131	63149	63179	**63197**	**63199**
63211	63241	63247	63277	63281
63299	**63311**	**63313**	63317	63331
63337	63347	63353	63361	63367
63377	**63389**	**63391**	63397	63409
63419	**63421**	63439	63443	63463
63467	63473	63487	63493	63499
63521	63527	63533	63541	63559
63577	**63587**	**63589**	**63599**	**63601**
63607	63611	63617	63629	**63647**
63649	63659	63667	63671	**63689**
63691	63697	63703	63709	63719
63727	63737	63743	63761	63773
63781	63793	63799	63803	63809
63823	**63839**	**63841**	63853	63857
63863	63901	63907	63913	63929
63949	63977	63997	64007	64013
64019	64033	64037	64063	64067
64081	64091	64109	64123	**64151**
64153	64157	64171	**64187**	**64189**
64217	64223	64231	64237	64271
64279	64283	**64301**	**64303**	64319
64327	64333	64373	64381	64399
64403	64433	64439	**64451**	**64453**
64483	64489	64499	64513	64553
64567	**64577**	**64579**	64591	64601
64609	64613	64621	64627	64633
64661	**64663**	64667	64679	64693
64709	64717	64747	64763	**64781**
64783	64793	64811	64817	64849
64853	64871	**64877**	**64879**	64891
64901	**64919**	**64921**	64927	64937
64951	64969	64997	65003	65011
65027	**65029**	65033	65053	65063
65071	65089	**65099**	**65101**	65111
65119	65123	65129	65141	65147
65167	**65171**	**65173**	65179	65183
65203	65213	65239	65257	**65267**

65269	65287	65293	65309	65323
65327	65353	65357	65371	65381
65393	65407	65413	65419	65423
65437	**65447**	**65449**	65479	65497
65519	**65521**	**65537**	**65539**	65543
65551	65557	65563	**65579**	**65581**
65587	65599	65609	65617	65629
65633	65647	65651	65657	65677
65687	**65699**	**65701**	65707	65713
65717	**65719**	**65729**	**65731**	65761
65777	65789	65809	65827	65831
65837	**65839**	65843	65851	65867
65881	65899	65921	**65927**	**65929**
65951	65957	65963	**65981**	**65983**
65993	66029	66037	66041	66047

55. primtal

				66047
66067	66071	66083	66089	66103
66107	**66109**	66137	66161	66169
66173	66179	66191	66221	66239
66271	66293	66301	66337	66343
66347	**66359**	**66361**	66373	66377
66383	66403	66413	66431	66449
66457	66463	66467	66491	66499
66509	66523	66529	66533	66541
66553	**66569**	**66571**	66587	66593
66601	66617	66629	66643	66653
66683	66697	66701	66713	66721
66733	66739	**66749**	**66751**	66763
66791	66797	66809	66821	66841
66851	**66853**	66863	66877	66883
66889	66919	66923	66931	66943
66947	**66949**	66959	66973	66977
67003	67021	67033	67043	67049
67057	67061	67073	67079	67103
67121	67129	**67139**	**67141**	67153
67157	67169	67181	**67187**	**67189**
67211	**67213**	**67217**	**67219**	67231
67247	67261	**67271**	**67273**	67289
67307	67339	67343	67349	67369

67391	67399	**67409**	**67411**	67421
67427	**67429**	67433	67447	67453
67477	67481	67489	67493	67499
67511	67523	67531	67537	67547
67559	67567	**67577**	**67579**	67589
67601	67607	67619	67631	67651
67679	67699	67709	67723	67733
67741	67751	**67757**	**67759**	67763
67777	67783	67789	67801	67807
67819	67829	67843	67853	67867
67883	67891	67901	67927	**67931**
67933	67939	67943	67957	67961
67967	67979	67987	67993	68023
68041	68053	68059	68071	68087
68099	**68111**	**68113**	68141	68147
68161	68171	**68207**	**68209**	68213
68219	68227	68239	68261	**68279**
68281	68311	68329	68351	68371
68389	68399	68437	68443	**68447**
68449	68473	68477	68483	**68489**
68491	68501	68507	68521	68531
68539	68543	68567	68581	68597
68611	68633	68639	68659	68669
68683	68687	68699	**68711**	**68713**
68729	68737	68743	68749	68767
68771	68777	68791	68813	**68819**
68821	68863	**68879**	**68881**	68891
68897	**68899**	68903	68909	68917
68927	68947	68963	68993	69001
69011	69019	**69029**	**69031**	69061
69067	69073	69109	69119	69127
69143	**69149**	**69151**	69163	

56. primtal

			69163	**69191**
69193	69197	69203	69221	69233
69239	69247	**69257**	**69259**	69263
69313	69317	69337	69341	69371
69379	69383	69389	**69401**	**69403**
69427	69431	69439	69457	69463
69467	69473	69481	**69491**	**69493**

69497	**69499**	69539	69557	69593
69623	69653	69661	69677	69691
69697	69709	**69737**	**69739**	**69761**
69763	69767	69779	69809	69821
69827	**69829**	69833	69847	**69857**
69859	69877	69899	69911	**69929**
69931	69941	69959	69991	69997
70001	**70003**	70009	70019	70039
70051	70061	70067	70079	70099
70111	70117	**70121**	**70123**	**70139**
70141	70157	70163	70177	**70181**
70183	**70199**	**70201**	70207	70223
70229	70237	70241	70249	70271
70289	70297	70309	70313	70321
70327	70351	70373	**70379**	**70381**
70393	70423	70429	70439	70451
70457	**70459**	70481	**70487**	**70489**
70501	70507	70529	70537	70549
70571	**70573**	70583	70589	70607
70619	**70621**	70627	70639	70657
70663	70667	70687	70709	70717
70729	70753	70769	70783	70793
70823	**70841**	**70843**	70849	70853
70867	**70877**	**70879**	70891	70901
70913	**70919**	**70921**	70937	**70949**
70951	70957	70969	**70979**	**70981**
70991	**70997**	**70999**	71011	71023
71039	71059	71069	71081	71089
71119	71129	71143	71147	71153
71161	71167	71171	71191	71209
71233	71237	71249	71257	**71261**
71263	71287	71293	71317	**71327**
71329	71333	**71339**	**71341**	71347
71353	71359	71363	**71387**	**71389**
71399	**71411**	**71413**	71419	71429
71437	71443	71453	**71471**	**71473**
71479	71483	71503	71527	71537
71549	**71551**	71563	71569	71593
71597	71633	71647	71663	71671
71693	71699	71707	**71711**	**71713**
71719	71741	71761	71777	71789
71807	**71809**	71821	71837	71843
71849	71861	71867	**71879**	**71881**

71887	71899	71909	71917	71933
71941	71947	71963	71971	71983
71987	71993	71999	72019	72031
72043	72047	72053	72073	72077
72089	**72091**	**72101**	**72103**	72109
72139	72161	**72167**	**72169**	72173
72211	**72221**	**72223**	**72227**	**72229**
72251	**72253**	**72269**	**72271**	72277
72287	72307	72313	72337	72341
72353				

57. primtal

72353	72367	72379	72383	72421
72431	72461	**72467**	**72469**	72481
72493	72497	72503	72533	72547
72551	72559	72577	72613	72617
72623	72643	**72647**	**72649**	72661
72671	**72673**	72679	72689	72701
72707	72719	72727	72733	72739
72763	72767	72797	72817	72823
72859	**72869**	**72871**	72883	72889
72893	72901	72907	72911	72923
72931	72937	72949	72953	72959
72973	72977	72997	73009	73013
73019	**73037**	**73039**	73043	**73061**
73063	73079	73091	73121	73127
73133	73141	73181	73189	73237
73243	73259	73277	73291	73303
73309	73327	73331	73351	**73361**
73363	73369	73379	73387	73417
73421	73433			

58. primtal

	73433	73453	73459	73471
73477	73483	73517	73523	73529
73547	73553	73561	73571	73583
73589	73597	**73607**	**73609**	73613
73637	73643	73651	73673	**73679**

73681	73693	73699	73709	73721
73727	73751	73757	73771	73783
73819	73823	**73847**	**73849**	73859
73867	73877	73883	73897	73907
73939	73943	73951	73961	73973
73999	74017	74021	74027	74047
74051	74071	74077	74093	**74099**
74101	74131	74143	74149	**74159**
74161	74167	74177	74189	74197
74201	**74203**	74209	74219	74231
74257	74279	74287	74293	74297
74311	74317	74323	74353	74357
74363	74377	**74381**	**74383**	**74411**
74413	74419	74441	74449	74453
74471	74489	**74507**	**74509**	74521
74527	74531	74551	74561	74567
74573	74587	74597	**74609**	**74611**
74623	74653	74687	74699	74707
74713	**74717**	**74719**	**74729**	**74731**
74747	**74759**	**74761**	74771	74779
74797	74821	74827	74831	74843
74857	74861	74869	74873	74887
74891	74897	74903	74923	74929
74933	74941	74959	**75011**	**75013**
75017	75029	75037	75041	75079
75083	75109	75133	75149	75161
75167	**75169**	75181	75193	**75209**
75211	75217	75223	75227	75239
75253	75269	75277	75289	75307
75323	75329	75337	75347	75353
75367	75377	**75389**	**75391**	**75401**
75403	75407	75431	75437	75479
75503	75511	75521	75527	75533
75539	**75541**	75553	75557	75571
75577	75583	75611	**75617**	**75619**
75629	75641	75653	75659	75679
75683	75689	75703	**75707**	**75709**
75721	75731	75743	75767	75773
75781	75787	75793	75797	75821
75833	75853	75869	75883	75913
75931	75937	75941	75967	75979
75983	**75989**	**75991**	75997	**76001**
76003	76031	76039	**76079**	**76081**

76091	76099	76103	76123	76129
76147	**76157**	**76159**	76163	76207
76213	76231	76243	76249	76253
76259	**76261**	76283	76289	76303
76333	76343	**76367**	**76369**	76379
76387	76403	**76421**	**76423**	76441
76463	76471	76481	76487	76493
76507	76511	76519	76537	**76541**
76543	76561	76579	76597	76603
76607	76631	**76649**	**76651**	76667
76673	76679	76697	76717	

59. primtal

			76717	76733
76753	76757	76771	76777	76781
76801	76819	**76829**	**76831**	76837
76847	**76871**	**76873**	76883	76907
76913	76919	76943	76949	**76961**
76963	76991	77003	77017	77023
77029	77041	77047	77069	77081
77093	77101	77137	77141	77153
77167	77171	77191	77201	77213
77237	**77239**	77243	77249	**77261**
77263	**77267**	**77269**	77279	77291
77317	77323	77339	77347	77351
77359	77369	77377	77383	**77417**
77419	77431	77447	77471	**77477**
77479	**77489**	**77491**	77509	77513
77521	77527	77543	**77549**	**77551**
77557	77563	77569	77573	77587
77591	77611	77617	77621	77641
77647	77659	77681	**77687**	**77689**
77699	**77711**	**77713**	77719	77723
77731	77743	77747	77761	77773
77783	77797	77801	77813	77839
77849	77863	77867	77893	77899
77929	77933	77951	77969	77977
77983	77999	78007	78017	78031
78041	78049	78059	78079	78101
78121	**78137**	**78139**	78157	78163
78167	78173	78179	**78191**	**78193**

78203	78229	78233	78241	78259
78277	78283	78301	78307	78311
78317	78341	78347	78367	78401
78427	**78437**	**78439**	78467	78479
78487	78497	**78509**	**78511**	78517
78539	**78541**	78553	**78569**	**78571**
78577	78583	78593	78607	78623
78643	78649	78653	78691	78697
78707	78713	78721	78737	**78779**
78781	78787	78791	78797	78803
78809	78823	78839	78853	78857
78877	**78887**	**78889**	78893	78901
78919	78929	78941		

60. primtal

		78941	**78977**	**78979**
78989	79031	79039	79043	79063
79087	79103	79111	79133	79139
79147	**79151**	**79153**	79159	79181
79187	79193	79201	**79229**	**79231**
79241	79259	79273	79279	79283
79301	79309	79319	79333	79337
79349	79357	79367	79379	79393
79397	**79399**	79411	79423	79427
79433	79451	79481	79493	79531
79537	79549	**79559**	**79561**	79579
79589	79601	79609	79613	79621
79627	**79631**	**79633**	79657	79669
79687	**79691**	**79693**	**79697**	**79699**
79757	79769	79777	79801	**79811**
79813	79817	79823	79829	**79841**
79843	79847	79861	79867	79873
79889	**79901**	**79903**	79907	79939
79943	79967	79973	79979	79987
79997	**79999**	80021	80039	80051
80071	80077			

61. primtal

	80077	80107	80111	80141
80147	**80149**	80153	80167	80173

80177	80191	**80207**	**80209**	80221
80231	**80233**	80239	80251	80263
80273	80279	80287	80309	80317
80329	80341	80347	80363	80369
80387	80407	80429	**80447**	**80449**
80471	**80473**	**80489**	**80491**	80513
80527	80537	80557	80567	80599
80603	80611	80621	**80627**	**80629**
80651	80657	**80669**	**80671**	80677
80681	**80683**	80687	80701	80713
80737	**80747**	**80749**	80761	**80777**
80779	80783	80789	80803	80809
80819	**80831**	**80833**	80849	80863
80897	**80909**	**80911**	80917	80923
80929	80933	80953	80963	80989
81001	81013	**81017**	**81019**	81023
81031	**81041**	**81043**	**81047**	**81049**
81071	81077	81083	81097	81101
81119	81131	81157	81163	81173
81181	**81197**	**81199**	81203	81223
81233	81239	**81281**	**81283**	81293
81299	81307	81331	81343	81349
81353	81359	**81371**	**81373**	81401
81409	81421	81439	81457	81463
81509	81517	81527	81533	81547
81551	**81553**	81559	81563	81569
81611	81619	81629	81637	**81647**
81649	81667	81671	81677	81689
81701	**81703**	81707	81727	81737
81749	81761	81769	81773	81799
81817	81839	81847	81853	81869
81883	**81899**	**81901**	81919	**81929**
81931	81937	81943	81953	81967
81971	**81973**	82003	**82007**	**82009**
82013	82021	82031	**82037**	**82039**
82051	82067	82073	82129	**82139**
82141	82153	82163	82171	82183
82189	82193	82207	**82217**	**82219**
82223	82231	82237	82241	82261
82267	82279	82301	82307	82339
82349	**82351**	82361	82373	82387
82393	82421	82457	82463	**82469**
82471	82483	82487	82493	82499

82507	**82529**	**82531**	82549	**82559**
82561	82567	82571	82591	82601
82609	82613	82619	82633	82651
82657	82699	**82721**	**82723**	**82727**
82729	**82757**	**82759**	82763	82781
82787	82793	82799	**82811**	**82813**
82837	82847	82883	**82889**	**82891**
82903	82913	82939	82963	82981
82997	83003	83009	83023	83047
83059	83063	83071	83077	83089
83093	83101	83117	83137	83177
83203	83207	**83219**	**83221**	83227
83231	**83233**	83243	83257	**83267**
83269	83273	83299	83311	**83339**
83341	83357	83383	83389	**83399**
83401	83407	83417	83423	83431
83437	83443	83449	83459	83471
83477	83497	83537	83557	**83561**
83563	83579	83591	83597	83609
83617	83621	**83639**	**83641**	83653
83663	83689	83701	**83717**	**83719**
83737	83761	83773	83777	83791
83813	83833	83843	83857	83869
83873	83891	83903	83911	83921
83933	83939	83969	83983	83987
84011	84017	84047	84053	**84059**
84061	84067	84089	84121	84127
84131	84137	84143	84163	**84179**
84181	84191	84199	84211	**84221**
84223	84229	84239	84247	84263
84299	84307	84313	**84317**	**84319**
84347	**84349**	84377	**84389**	**84391**
84401	84407	84421	84431	84437
84443	84449	84457	84463	84467
84481	84499	84503	84509	**84521**
84523	84533	84551	84559	84589
84629	**84631**	84649	84653	84659
84673	84691	84697	84701	84713
84719	84731	84737	84751	84761
84787	84793	**84809**	**84811**	84827
84857	**84859**	**84869**	**84871**	84913
84919	84947	84961	84967	**84977**
84979	84991	85009	85021	85027

85037	85049	85061	85081	85087
85091	**85093**	85103	85109	85121
85133	85147	85159	85193	**85199**
85201	85213	85223	85229	85237
85243	85247	85259	85297	85303
85313	**85331**	**85333**	**85361**	**85363**
85369	85381	85411	**85427**	**85429**
85439	85447	**85451**	**85453**	85469
85487	85513	85517	85523	85531
85549	85571	85577	85597	85601
85607	**85619**	**85621**	85627	85639
85643	85661	**85667**	**85669**	85691
85703	85711	85717	85733	85751
85781	85793	**85817**	**85819**	**85829**
85831	85837	85843	85847	

62. primtal

			85847	85853
85889	85903	85909	**85931**	**85933**
85991	85999	86011	86017	**86027**
86029	86069	86077	86083	**86111**
86113	86117	86131	86137	86143
86161	86171	86179	86183	86197
86201	86209	86239	86243	86249
86257	86263	86269	86287	**86291**
86293	86297	86311	86323	86341
86351	**86353**	86357	**86369**	**86371**
86381	86389	86399	86413	86423
86441	86453	86461	86467	86477
86491	86501	86509	**86531**	**86533**
86539	86561	86573	86579	86587
86599	**86627**	**86629**	86677	86689
86693	86711	86719	86729	86743
86753	86767	86771	86783	86813
86837	86843	86851	86857	86861
86869	86923	**86927**	**86929**	86939
86951	86959	86969	86981	86993
87011	**87013**	87037	87041	87049
87071	87083	87103	87107	**87119**
87121	87133	**87149**	**87151**	**87179**
87181	87187	87211	**87221**	**87223**

87251	**87253**	87257	87277	87281
87293	87299	87313	87317	87323
87337	87359	87383	87403	87407
87421	87427	87433	87443	87473
87481	87491	**87509**	**87511**	87517
87523	**87539**	**87541**	87547	87553
87557	**87559**	87583	**87587**	**87589**
87613	87623	**87629**	**87631**	**87641**
87643	87649	87671	87679	87683
87691	87697	87701	**87719**	**87721**
87739	87743	87751	87767	87793
87797	87803	87811	87833	87853
87869	87877	87881	87887	87911
87917	87931	87943	**87959**	**87961**
87973	87977	87991	**88001**	**88003**
88007	88019	88037	88069	88079
88093	88117	88129	88169	88177
88211	88223	88237	88241	**88259**
88261	88289	88301	88321	88327
88337	**88339**	88379	88397	88411
88423	88427	88463	**88469**	**88471**
88493	88499	88513	88523	88547
88589	**88591**	**88607**	**88609**	88643
88651	88657	**88661**	**88663**	88667
88681	88721	88729	88741	88747
88771	88789	88793	**88799**	**88801**
88807	**88811**	**88813**	**88817**	**88819**
88843	88853	88861	88867	88873
88883	88897	88903	88919	88937
88951	88969	88993	88997	89003
89009	89017	89021	89041	89051
89057	**89069**	**89071**	89083	89087
89101	89107	89113	89119	89123
89137	89153	89189	89203	89209
89213	89227	89231	89237	89261
89269	89273	89293	89303	89317
89329	89363	89371	89381	89387
89393	89399	89413	89417	89431
89443	89449	89459	89477	89491
89501	89513	**89519**	**89521**	89527
89533	**89561**	**89563**	89567	89591
89597	**89599**	89603	89611	89627
89633	89653	**89657**	**89659**	**89669**

89671	89681	89689	89753	89759
89767	89779	89783	89797	89809
89819	**89821**	89833	89839	89849
89867	89891	**89897**	**89899**	89909
89917	89923	89939	89959	89963
89977	89983	89989	90001	90007
90011	**90017**	**90019**	90023	90031
90053	90059	90067	**90071**	**90073**
90089	90107	90121	90127	90149
90163	90173	90187	90191	**90197**
90199	90203	90217	90227	90239
90247	90263	90271	90281	90289
90313	90353	90359	**90371**	**90373**
90379	90397	**90401**	**90403**	90407
90437	**90439**	90469	90473	90481
90499	90511	90523	**90527**	**90529**
90533	90547	90583	90599	**90617**
90619	90631	90641	90647	90659
90677	**90679**	90697	90703	90709
90731	90749	90787	90793	90803
90821	**90823**	90833	90841	90847
90863	90887	90901	90907	90911
90917	90931	90947	90971	90977
90989	90997	91009	91019	91033
91079	**91081**	**91097**	**91099**	91121
91127	**91129**	**91139**	**91141**	**91151**
91153	91159	91163	91183	91193
91199	91229	91237	91243	91249
91253	91283	91291	91297	91303
91309	91331	**91367**	**91369**	91373
91381	91387	91393	91397	91411
91423	91433	91453	**91457**	**91459**
91463	91493	91499	91513	91529
91541	**91571**	**91573**	91577	91583
91591	91621	91631	91639	91673
91691	91703	91711	91733	91753
91757	91771	91781	91801	91807
91811	**91813**	91823	91837	91841
91867	91873	91909	91921	91939
91943	91951	91957	91961	**91967**
91969	91997	92003	92009	92033
92041	92051	92077	92083	92107
92111	92119	92143	92153	92173

92177	**92179**	92189	92203	**92219**
92221	92227	92233	92237	92243
92251	92269	92297	92311	92317
92333	92347	92353	92357	92363
92369	92377	**92381**	**92383**	92387
92399	**92401**	92413	92419	92431
92459	**92461**	92467	92479	92489
92503	92507	92551	92557	**92567**
92569	92581	92593	92623	92627
92639	**92641**	92647	92657	**92669**
92671	**92681**	**92683**	92693	92699
92707	92717	92723	92737	92753
92761	92767	92779	**92789**	**92791**
92801	92809	92821	92831	92849
92857	**92861**	**92863**	92867	92893
92899	92921	92927	92941	92951
92957	**92959**	92987	92993	93001
93047	93053	93059	93077	93083
93089	93097	93103	93113	**93131**
93133	93139	93151	93169	93179
93187	93199	93229	**93239**	**93241**
93251	**93253**	93257	93263	**93281**
93283	93287	93307	93319	93323
93329	93337	93371	93377	93383
93407	93419	93427	93463	**93479**
93481	93487	**93491**	**93493**	93497
93503	93523	93529	93553	**93557**
93559	93563	93581	93601	93607
93629	93637	93683	**93701**	**93703**
93719	93739	**93761**	**93763**	93787
93809	**93811**	93827	93851	93871
93887	**93889**	93893	93901	**93911**
93913	93923	93937	93941	93949
93967	93971	93979	93983	93997
94007	**94009**	94033	94049	94057
94063	94079	94099	**94109**	**94111**
94117	94121	**94151**	**94153**	94169
94201	94207	94219	94229	

63. primtal

			94229	94253
94261	94273	94291	**94307**	**94309**

94321	94327	94331	94343	**94349**
94351	94379	**94397**	**94399**	94421
94427	94433	**94439**	**94441**	94447
94463	94477	94483	94513	**94529**
94531	**94541**	**94543**	94547	**94559**
94561	94573	94583	94597	94603
94613	94621	**94649**	**94651**	94687
94693	94709	94723	94727	94747
94771	94777	94781	94789	94793
94811	94819	94823	94837	94841
94847	**94849**	94873	94889	94903
94907	94933	**94949**	**94951**	94961
94993	94999	95003	95009	95021
95027	95063	95071	95083	**95087**
95089	95093	95101	95107	95111
95131	95143	95153	95177	**95189**
95191	95203	95213	95219	**95231**
95233	95239	95257	95261	95267
95273	95279	95287	95311	95317
95327	95339	95369	95383	95393
95401	95413	95419	95429	**95441**
95443	95461	95467	95471	95479
95483	95507	95527	95531	95539
95549	95561	95569	95581	95597
95603	95617	95621	95629	95633
95651	95701	95707	95713	95717
95723	95731	95737	95747	95773
95783	**95789**	**95791**	**95801**	**95803**
95813	95819	95857	95869	95873
95881	95891	95911	95917	95923
95929	95947	**95957**	**95959**	95971
95987	**95989**	96001	96013	96017
96043	96053	96059	96079	96097
96137	96149	96157	96167	**96179**
96181	96199	96211	**96221**	**96223**
96233	96259	96263	96269	96281
96289	96293	96323	**96329**	**96331**
96337	96353	96377	96401	96419
96431	96443	96451	96457	96461
96469	96479	96487	96493	96497
96517	96527	96553	96557	96581
96587	**96589**	96601	96643	96661
96667	96671	96697	96703	

64. primtal

			96703	96731
96737	**96739**	96749	96757	96763
96769	96779	96787	**96797**	**96799**
96821	**96823**	96827	96847	96851
96857	96893	96907	96911	96931
96953	96959	96973	96979	96989
96997	**97001**	**97003**	97007	97021
97039	97073	97081	97103	97117
97127	97151	**97157**	**97159**	**97169**
97171	97177	97187	97213	97231
97241	97259	97283	**97301**	**97303**
97327	**97367**	**97369**	97373	**97379**
97381	97387	97397	97423	97429
97441	97453	97459	97463	**97499**
97501	97511	97523	**97547**	**97549**
97553	97561	97571	**97577**	**97579**
97583	**97607**	**97609**	97613	**97649**
97651	97673	97687	97711	97729
97771	97777	**97787**	**97789**	97813
97829	**97841**	**97843**	**97847**	**97849**
97859	**97861**	97871	97879	97883
97919	97927	97931	97943	97961
97967				

65. primtal

97967	97973	97987	**98009**	**98011**
98017	98041	98047	98057	98081
98101	98123	98129	98143	98179
98207	98213	98221	98227	98251
98257	98269	**98297**	**98299**	98317
98321	**98323**	98327	98347	98369
98377	**98387**	**98389**	98407	98411
98419	98429	98443	98453	98459
98467	98473	98479	98491	98507
98519	98533	98543	**98561**	**98563**
98573	98597	98621	98627	**98639**
98641	98663	98669	98689	**98711**
98713	98717	**98729**	**98731**	98737

98773	98779	98801	**98807**	**98809**
98837	98849	**98867**	**98869**	98873
98887	98893	**98897**	**98899**	**98909**
98911	**98927**	**98929**	98939	98947
98953	98963	98981	98993	98999
99013	99017	99023	99041	99053
99079	99083	99089	99103	99109
99119	**99131**	**99133**	**99137**	**99139**
99149	99173	99181	99191	99223
99233	99241	99251	**99257**	**99259**
99277	99289	99317	**99347**	**99349**
99367	99371	99377	99391	99397
99401	99409	99431	99439	99469
99487	99497	99523	**99527**	**99529**
99551	99559	99563	99571	99577
99581	99607	99611	99623	99643
99661	99667	99679	99689	**99707**
99709	99713	**99719**	**99721**	99733
99761	99767	99787	99793	99809
99817	99823	99829	99833	99839
99859	99871	99877	99881	99901
99907	99923	99929	99961	99971
99989	**99991**	100003	100019	100043
100049	100057	100069	100103	100109
100129	**100151**	**100153**	100169	100183
100189	100193	100207	100213	100237
100267	100271	100279	100291	100297
100313	100333	100343	100357	**100361**
100363	100379	**100391**	**100393**	100403
100411	100417	100447	100459	100469
100483